VORWORT ZUR 3. AUFLAGE

Der vorliegende Band 1 der Reihe "Brücken zur Mathematik" dient zur <u>Auffrischung von Kenntnissen aus der Elementarmathematik und zum Einüben von Fertigkeiten bei ihrer Anwendung</u>. Die 1. Auflage entstand durch Überarbeitung der Materialien eines Brückenkurses, der seit 1979 an der Fachhochschule für Technik Esslingen (FHTE) stattfand. Erfahrungen mit einem Kompaktkurs Elementare Mathematik, der seit 1983 allen Studienanfängern der FHTE unmittelbar vor Studienbeginn angeboten wird, führten zur Neubearbeitung für die 3. Auflage. Hauptziel dieser Kurse ist es, <u>gravierende Wissenslücken bei Studienanfängern</u>, wie sie sich u.a. auch in den von der Projektgruppe CAT (Computer assisted training) an der FHTE seit 1977 durchgeführten Eingangstests gezeigt haben, rechtzeitig zu beheben.

Die einzelnen Abschnitte dieses "Vorkurses für Studienanfänger" enthalten eine <u>Zusammenstellung grundlegender Begriffe und Gesetze</u>, die an Hand von Beispielen veranschaulicht werden; es handelt sich dabei nicht um ein Lehrbuch der Mathematik mit streng logisch abgeschlossenem Aufbau. Mathematische Lehrbücher und Handbücher mit Formelsammlungen können und sollen dadurch nicht ersetzt werden. Besonders wichtig für Studienanfänger erscheinen uns die zahlreichen <u>Beispiele mit ausführlichen Lösungen und die Übungsaufgaben</u> (alle mit Angabe der Ergebnisse).

Unsere Stoffauswahl beschränkt sich im wesentlichen auf Gebiete, die in den Stoffplänen der Gymnasien enthalten sind. Im Abschnitt Elementare Funktionen ist es unser Anliegen, wesentliche Eigenschaften von Funktionen und ihren Schaubildern ohne Hilfsmittel aus der Differentialrechnung zu vermitteln.

Für die vorliegende <u>3. Auflage</u> wurde der Text vereinheitlicht und gestrafft; größere Teile des Abschnitts über Elementare Funktionen und den Abschnitt Trigonometrie haben wir völlig neu bearbeitet. Die Aufgaben wurden wesentlich erweitert und in einem abschließenden Abschnitt zusammengefaßt. Zur Arbeitserleichterung ist ein ausführliches Register angefügt.

Wir bedanken uns bei allen Mitarbeitern, die in den verschiedenen Stadien an der Entwicklung der Kurs-Unterlagen beteiligt waren, sowie bei den Kolleginnen und Kollegen, die Brückenkurse bzw. Kompaktkurse betreut haben, für wertvolle Anregungen. Unser besonderer Dank gilt den Studenten, die als Teilnehmer oder als Tutoren bei der Betreuung der Kurse, durch ihre Kritik zur Verbesserung der Texte und der Aufgabensammlung beigetragen haben.

Eberhard Hohloch
Harro Kümmerer

INHALTSVERZEICHNIS

I. Algebra — 5

Grundbegriffe und Bezeichnungen — 5
Quadratische Gleichungen — 7
Binomische Formeln — 9
Polynomdivision — 9
Potenzen und Wurzeln — 10
Logarithmen — 12
Rechnen mit Ungleichungen — 14
Rechnen mit Beträgen — 18
Verschiedene Vereinbarungen — 20

II. Elementare Funktionen — 23

Grundbegriffe — 23
Eigenschaften reeller Funktionen und ihrer Schaubilder — 24
Umkehrbare Funktionen — 26
Ganzrationale Funktionen — 27
Gebrochenrationale Funktionen — 31
Exponential- und Logarithmusfunktionen — 35
Weitere einfache Funktionen — 38
Verschiebung von Kurven — 42

III. Trigonometrie — 43

Bogenmaß — 43
Winkelfunktionen am rechtwinkligen Dreieck — 44
Sinussatz und Cosinussatz - Dreiecksberechnung — 44
Winkelfunktionen am Einheitskreis — 46
Schaubilder der trigonometrischen Funktionen — 47
Wichtige Eigenschaften und Formeln — 48
Umkehrung der trigonometrischen Funktionen — 49
Trigonometrische Gleichungen — 52
Allgemeine Sinusfunktion — 53

IV. Analytische Geometrie — 55

Kartesische Koordinaten in der Ebene — 55
Geraden im ebenen Koordinatensystem — 57
Kreis — 60
Ellipse — 64
Hyperbel — 66
Parabel — 69
Ergänzungen — 72

V. Aufgaben — 73

Aufgaben zur Algebra — 73
Aufgaben zum Abschnitt über elementare Funktionen — 77
Aufgaben zur Trigonometrie — 80
Aufgaben zur Analytischen Geometrie — 84

Lösungen — 87

Register — 94

I. ALGEBRA

GRUNDBEGRIFFE UND BEZEICHNUNGEN

Relationen zwischen Zahlen

$a = b$	"a gleich b"	$a \leq b$	"a kleiner oder gleich b"
$a \neq b$	"a ungleich b"	$a \geq b$	"a größer oder gleich b"
$a < b$	"a kleiner b"	$a \approx b$	"a ungefähr gleich b"
$a > b$	"a größer b"		

Logische Zeichen (zwischen Aussagen oder Aussageformen)

$A \Rightarrow B$ "wenn A, dann B", "aus A folgt B"

$A \Longleftrightarrow B$ "A genau dann, wenn B", "A äquivalent B"

Mengenschreibweise

aufzählende Form $M_1 = \{1, 2, 3\}$

beschreibende Form $M_1 = \{x \mid x$ ist natürliche Zahl und $x < 4\}$

         "Menge aller x, für die gilt:
           x ist natürliche Zahl und $x < 4$ "

$3 \in M_1$ "3 ist Element von M_1"

$5 \notin M_1$ "5 ist nicht Element von M_1

$\emptyset = \{\}$ leere Menge, enthält kein Element

Operationen mit Mengen

$M_1 \cup M_2$ "M_1 vereinigt mit M_2", "Vereinigungsmenge"
       enthält alle Elemente, die zu M_1 oder zu M_2 gehören
       (nicht-ausschließendes oder)

$M_1 \cap M_2$ "M_1 geschnitten mit M_2", "Schnittmenge", "Durchschnitt"
       enthält alle Elemente, die zu M_1 und zu M_2 gehören

$M_1 \smallsetminus M_2$ "M_1 ohne M_2", "Differenzmenge"
       enthält alle Elemente, die zu M_1, aber nicht zu M_2
       gehören

Beispiel: $\left.\begin{array}{l} M_1 = \{1, 2, 3\} \\ M_2 = \{2, 4, 6\} \end{array}\right\} \Rightarrow$ $\begin{array}{l} M_1 \cup M_2 = \{1, 2, 3, 4, 6\} \\ M_1 \cap M_2 = \{2\} \\ M_1 \smallsetminus M_2 = \{1, 3\}, \quad M_2 \smallsetminus M_1 = \{4, 6\} \end{array}$

Darstellung der Mengenoperationen mit Venn-Diagrammen:

A ∪ B   A ∩ B   A ∖ B

Relationen zwischen Mengen

$M_1 = M_2$ "M_1 gleich M_2", M_1 und M_2 besitzen dieselben Elemente

$$x \in M_1 \Leftrightarrow x \in M_2$$

$M_1 \subset M_2$ "M_1 ist Teilmenge von M_2"

jedes Element von M_1 ist auch Element von M_2

$$x \in M_1 \Rightarrow x \in M_2$$

Sonderfälle: $\emptyset \subset M$, die leere Menge ist Teilmenge jeder Menge

$$M \subset M$$

Zahlenmengen

$\mathbb{N} = \{\, 1, 2, 3, \ldots \,\}$ natürliche Zahlen

$\mathbb{Z} = \{\, \ldots, -2, -1, 0, 1, 2, \ldots \,\}$ ganze Zahlen

$\mathbb{Q} = \{\, x \mid x = \frac{p}{q},\ p \in \mathbb{Z},\ q \in \mathbb{Z} \setminus \{0\} \,\}$ rationale Zahlen

$\mathbb{R}$ = Menge aller abbrechenden und nicht abbrechenden Dezimalzahlen   reelle Zahlen

Beim Übergang von $\mathbb{N}$ zu $\mathbb{Z}$, von $\mathbb{Z}$ zu $\mathbb{Q}$ und von $\mathbb{Q}$ zu $\mathbb{R}$ liegt jeweils eine Zahlbereichserweiterung vor:

$$\mathbb{N} \subset \mathbb{Z} \subset \mathbb{Q} \subset \mathbb{R}$$

Intervalle   ($a, b \in \mathbb{R}$)

$[a;b] = \{\, x \mid a \le x \le b \,\}$ abgeschlossenes Intervall

$(a;b) = \,]a;b[\, = \{\, x \mid a < x < b \,\}$ offenes Intervall

$(a;b] = \,]a;b] = \{\, x \mid a < x \le b \,\}$ ⎫
$[a;b) = [a;b[\, = \{\, x \mid a \le x < b \,\}$ ⎭   halboffene Intervalle

$(-\infty;b] = \{\, x \mid -\infty < x \le b \,\}$ ⎫
$(a;\infty) = \{\, x \mid a < x < \infty \,\}$ ⎭   Halbgeraden

QUADRATISCHE GLEICHUNGEN

Die quadratische Gleichung

(1) $ax^2 + bx + c = 0$, $a, b, c \in \mathbb{R}$, $a \neq 0$

hat die Lösungen

(2) $x_{1,2} = \dfrac{-b \pm \sqrt{b^2 - 4ac}}{2a}$

Die Anzahl der Lösungen hängt ab von der Diskriminante $D = b^2 - 4ac$:

a) $D = b^2 - 4ac > 0 \Rightarrow$ zwei (verschiedene) reelle Lösungen

b) $D = b^2 - 4ac = 0 \Rightarrow$ eine reelle Lösung (zwei zusammenfallende Lösungen, Doppel-Lösung)

c) $D = b^2 - 4ac < 0 \Rightarrow$ keine reelle Lösung (Radikand negativ)

Hat die Gleichung (1) zwei reelle Lösungen $x_{1,2}$ bzw. eine reelle
Doppellösung $x_1 = x_2$, so kann die linke Seite von (1) in Faktoren
zerlegt werden in der Form

(3) $ax^2 + bx + c = a(x - x_1)(x - x_2)$ ("Faktorzerlegung")

Gleichungen der Form (1) treten auf bei der Ermittlung der Nullstellen quadratischer Funktionen. Die drei möglichen Fälle entsprechen geometrisch folgenden Sachverhalten:

a) $D > 0 \Rightarrow$ 2 Schnittpunkte

b) $D = 0 \Rightarrow$ 1 Berührpunkt   der Parabel $y = ax^2 + bx + c$
mit der x-Achse

c) $D < 0 \Rightarrow$ kein Schnittpunkt

Veranschaulichen Sie sich diese Aussagen mit Hilfe einer Skizze
der Parabeln $y = x^2 - 1$, $y = x^2$, $y = x^2 + 1$!

Im Sonderfall $c = 0$ läßt sich x ausklammern und man erhält

$ax^2 + bx = x(ax + b) = 0 \Rightarrow x_1 = 0, \ x_2 = -\dfrac{b}{a}$

Beispiel 1:

a) $x^2 - 8x + 12 = 0 \overset{(2)}{\Rightarrow} x_{1,2} = \dfrac{8 \pm \sqrt{64 - 48}}{2} \Rightarrow x_1 = 6, \ x_2 = 2$

b) $2x^2 + 2x + 1 = 0 \overset{(2)}{\Rightarrow} x_{1,2} = \dfrac{-2 \pm \sqrt{4 - 8}}{4} \Rightarrow$ keine Lösung

c) $x^2 - 5x = 0 \Leftrightarrow x(x - 5) = 0 \Rightarrow x_1 = 0, \ x_2 = 5$

Algebra   7

Quadratische Gleichungen lassen sich auch mit der Methode der quadratischen Ergänzung, einem für viele Gebiete der Mathematik sehr wichtigen Verfahren, lösen. Zwei Typen quadratischer Gleichungen sind dabei zu unterscheiden:

a) $x^2 + bx + c = 0$ $(*)$

Will man $x^2 + bx$ zu einem vollständigen Quadrat ergänzen, so muß man wegen $x^2 + bx + (\frac{b}{2})^2 = (x + \frac{b}{2})^2$ das Quadrat des halben Koeffizienten von x addieren. Man erhält so die Umformung:

$$x^2 + bx + c = [x^2 + bx + (\frac{b}{2})^2] - (\frac{b}{2})^2 + c = (x + \frac{b}{2})^2 - (\frac{b}{2})^2 + c$$

$$(*) \iff (x + \frac{b}{2})^2 = (\frac{b}{2})^2 - c \quad \Rightarrow \quad x_{1,2} = -\frac{b}{2} \pm \sqrt{(\frac{b}{2})^2 - c}$$

b) $ax^2 + bx + c = 0$ $(**)$

Man klammert a aus und ergänzt $x^2 + \frac{b}{a}x$ quadratisch:

$$ax^2 + bx + c = a[x^2 + \frac{b}{a}x + \frac{c}{a}] = a[(x + \frac{b}{2a})^2 - (\frac{b}{2a})^2 + \frac{c}{a}]$$

$$(**) \iff (x + \frac{b}{2a})^2 = (\frac{b}{2a})^2 - \frac{c}{a} \quad \Rightarrow \quad x_{1,2} = -\frac{b}{2a} \pm \sqrt{(\frac{b}{2a})^2 - \frac{c}{a}}$$

Beispiel 2: $3x^2 - 6x - 2 = 0 \iff 3(x^2 - 2x + 1) - 3 - 2 = 0 \iff 3(x-1)^2 = 5$

$$\iff (x - 1) = \pm\sqrt{\frac{5}{3}} \quad \Rightarrow \quad x_{1,2} = 1 \pm \sqrt{\frac{5}{3}}$$

Beispiel 3: Wie lautet die quadratische Gleichung mit den Lösungen $x_{1,2} = 2 \pm \sqrt{5}$?

Lösung: Zu zwei verschiedenen Lösungen $x_{1,2}$ gehört die Faktorzerlegung (3):

$$ax^2 + bx + c = a(x - x_1)(x - x_2) = a[x - (2 + \sqrt{5})][x - (2 - \sqrt{5})]$$

$$= a[x^2 - (2 - \sqrt{5})x - (2 + \sqrt{5})x + (2 + \sqrt{5})(2 - \sqrt{5})]$$

$$= a(x^2 - 4x - 1) = \text{mit } a \neq 0$$

Die einfachste quadratische Gleichung erhält man daraus mit $a = 1$:

Erg.: $x^2 - 4x - 1 = 0$

Beispiel 4: Lösen Sie die biquadratische Gleichung $x^4 - 6x^2 + 8 = 0$

Lösung: Substitution $z = x^2$ ergibt die quadratische Gleichung $z^2 - 6z + 8 = 0$ mit den Lösungen $z_1 = 4$, $z_2 = 2$.

Rücksubstitution: $z_1 = 4 \quad \Rightarrow \quad x_{1,2} = \pm 2$

$$z_2 = 2 \quad \Rightarrow \quad x_{3,4} = \pm\sqrt{2}$$

8 Algebra

BINOMISCHE FORMELN

Terme der Form $(a + b)$ oder $(a - b)$ heißen Binome. Durch Multiplikation dieser Binome erhält man die binomischen Formeln:

$$(a + b)^2 = a^2 + 2ab + b^2$$
$$(a - b)^2 = a^2 - 2ab + b^2$$
$$(a + b)(a - b) = a^2 - b^2$$

Beispiel 1: Klammern ausmultiplizieren

a) $(2x + 3y)^2 = 4x^2 + 12xy + 9y^2$

b) $(4u + v)^2 - (4u - v)^2 = 16u^2 + 8uv + v^2 - (16u^2 - 8uv + v^2) = 16uv$

Beispiel 2: Faktorisieren

a) $4a^2 - 20a + 25 = (2a - 5)^2$

b) $\frac{9}{16} u^4 - 81v^4 = (\frac{3}{4} u^2 + 9v^2)(\frac{3}{4} u^2 - 9v^2) = (\frac{3}{4} u^2 + 9v^2)(\frac{\sqrt{3}}{2} u + 3v)(\frac{\sqrt{3}}{2} u - 3v)$

POLYNOMDIVISION

Ein wichtiges Hilfsmittel zur Untersuchung rationaler Funktionen ist die Polynomdivision. Die Polynome werden nach fallenden Potenzen geordnet und schrittweise dividiert; das zugehörige Schema ist in folgenden Beispielen dargestellt.

Beispiel 1:
$$
\begin{array}{l}
x^3 - 4x^2 + 6x - 4 : x - 2 = x^2 - 2x + 2 \\
\underline{x^3 - 2x^2} \\
\quad -2x^2 + 6x - 4 \\
\quad \underline{-2x^2 + 4x} \\
\qquad\qquad 2x - 4 \\
\qquad\qquad \underline{2x - 4} \\
\qquad\qquad\qquad O
\end{array}
$$

Division ohne Rest: $x^3 - 4x^2 + 6x - 4$ enthält den Faktor $x - 2$

$\Rightarrow f(x) = x^3 - 4x^2 + 6x - 4$ hat die Nullstelle $x_1 = 2$

Beispiel 2:
$$
\begin{array}{l}
3x^4 \quad\;\; + 2x^2 + x - 4 : x^2 - x + 1 = 3x^2 + 3x + 2 - \dfrac{6}{x^2 - x + 1} \\
\underline{3x^4 - 3x^3 + 3x^2} \\
\quad\; 3x^3 - x^2 + x - 4 \\
\quad\; \underline{3x^3 - 3x^2 + 3x} \\
\qquad\quad 2x^2 - 2x - 4 \\
\qquad\quad \underline{2x^2 - 2x + 2} \\
\qquad\qquad\qquad\; - 6
\end{array}
$$

Polynomdivision mit Rest liefert die Darstellung einer unecht gebrochenrationalen Funktion als Summe einer ganzrationalen Funktion und einer echt gebrochenrationalen Funktion (→ II.4).

Algebra 9

POTENZEN UND WURZELN

1. Potenzen mit ganzen Hochzahlen

Satz 1: Für beliebige relle Grundzahlen (Basen) $a \neq 0$, $b \neq 0$
und ganzzahlige Hochzahlen (Exponenten) m, n gelten die
Potenzgesetze

$$a^m \cdot a^n = a^{m+n} \; ; \qquad \frac{a^m}{a^n} = a^{m-n}$$

$$a^n \cdot b^n = (ab)^n \; ; \qquad \frac{a^n}{b^n} = \left(\frac{a}{b}\right)^n$$

$$(a^m)^n = (a^n)^m = a^{mn}$$

Sonderfälle: $a^0 = 1 \; ; \qquad a^{-n} = \dfrac{1}{a^n}$

Beispiel 1: Wichtige Anwendung: Zehnerpotenzen

a) $0,003 = \dfrac{3}{1000} = \dfrac{3}{10^3} = 3 \cdot 10^{-3}$

b) E-Modul von Stahl: $E = 2,1 \cdot 10^5 \dfrac{N}{mm^2} = 210\,000 \dfrac{N}{mm^2}$

c) Na-Wellenlänge: $\lambda = 589 \cdot 10^{-7}$ cm $= 589 \cdot 10^{-9}$ m $= 589$ nm

2. Wurzeln, Potenzen mit rationalen Hochzahlen

Definition 1: Die n-te Wurzel aus einer positiven Zahl a ist
diejenige Zahl, deren n-te Potenz gleich a ist:

$$b = \sqrt[n]{a} \quad \begin{cases} a > 0 & \dots \text{ Radikand} \\ n \in \{2,3,4\dots\} & \dots \text{ Wurzelexponent} \\ b > 0 \text{ mit } b^n = a \end{cases}$$

Erweiterung: $\sqrt[n]{0} = 0$

Definition 2: Wurzeln sind Potenzen mit rationalen Hochzahlen
und positiver Basis

$$\sqrt[n]{a} = a^{\frac{1}{n}} = a^{1/n} \; ; \qquad \sqrt[n]{a^m} = a^{\frac{m}{n}} = a^{m/n}$$

Satz 2: Für Potenzen mit rationalen Hochzahlen und positiver
Basis gelten dieselben Rechenregeln wie für Potenzen mit
ganzen Hochzahlen (s. Satz 1).

3. Lösung der Gleichung $x^n = a$ $(a \in \mathbb{R},\ n \in \{2,3,4\ldots\})$

Satz 3a:

$x^n = a$, $\underline{n\ gerade}$
$\begin{cases} 1.\ \text{für}\ a > 0\ \text{genau zwei reelle Lösungen} \\ \qquad x_{1,2} = \pm \sqrt[n]{a} \\[2mm] 2.\ \text{für}\ a < 0\ \text{keine reelle Lösung} \end{cases}$

Satz 3b:

$x^n = a$, $\underline{n\ ungerade}$
$\begin{cases} \text{für jedes}\ a \neq 0\ \text{genau eine Lösung:} \\ \qquad x = \sqrt[n]{a} \qquad \text{für}\ a > 0 \\[2mm] \qquad x = -\sqrt[n]{|a|} \quad \text{für}\ a < 0 \end{cases}$

<u>Zusatz:</u> Für $a = 0$ ergibt sich in beiden Fällen die Lösung $x = 0$

<u>Beispiel 2:</u> $\quad x^3 = -8 \ \Rightarrow\ x = -\sqrt[3]{8} = -2$

Vorsicht: Schreibweise $\sqrt[3]{-8} = (-8)^{1/3}$ möglichst vermeiden! Bei den meisten Taschenrechnern werden bei den Funktionen $\boxed{y^x}$ und $\boxed{\sqrt[x]{y}}$ <u>positive y-Werte</u> vorausgesetzt.
(Manche neuere Taschenrechner akzeptieren bei ungeraden Wurzelexponenten auch negative Radikanden!)

4. Wurzelgleichungen

Die Unbekannte x tritt in rationalen Ausdrücken unter Wurzeln auf; durch wiederholtes Auflösen der Gleichung nach einer Wurzel ("Isolieren einer Wurzel") und anschließendes Potenzieren können die Wurzeln eventuell beseitigt werden.

Beispiel 3:	Lösungsschema	Beispiel 4:
$\sqrt{9 + x^2} - 1 = x$		$x + 2\sqrt{x-2} = 1$
$\sqrt{9 + x^2} = x + 1$	Wurzel isolieren	$2\sqrt{x-2} = 1 - x$
$9 + x^2 = x^2 + 2x + 1$	Quadrieren	$4(x-2) = 1 - 2x + x^2$
	Lösen der wurzelfreien Gl.	$x^2 - 6x + 9 = 0$
$2x = 8$		$x_{1,2} = 3$
$x = 4$		
$\sqrt{25} - 1 = 4$ erfüllt!	<u>Kontrolle!</u>	$3 + 2\sqrt{1} \neq 1$
$\rightarrow\ \mathbb{L} = \{4\}$		$\rightarrow\ \mathbb{L} = \{\} = \emptyset$, keine Lösung
		$(x = 3$ ist Lösung von $x - 2\sqrt{x-2} = 1)$

<u>Vorsicht:</u> Quadrieren ist <u>keine Äquivalenzumformung</u>; eine Vorzeichen- information kann dabei verloren gehen; die entstehende wurzelfreie Gleichung kann mehr Lösungen besitzen als die Wurzelgleichung.

Bei Wurzelgleichungen ist stets eine <u>Kontrolle</u> durch Einsetzen der möglichen Lösungen in die Ausgangsgleichung notwendig!

LOGARITHMEN

1. Begriff des Logarithmus

Die Gleichung $a^x = b$ mit $a > 0$, $b > 0$ und $a \neq 1$ besitzt stets genau eine reelle Lösung

$$a^x = b \quad \Longleftrightarrow \quad x = \log_a b \quad (a > 0, \; a \neq 1, \; b > 0)$$

Definition: Der Logarithmus einer Zahl b zur Grundzahl a ist diejenige Hochzahl, mit der man a potenzieren muß, um b zu erhalten.

Beispiel 1: a) $\log_5 25 = 2$;   b) $\log_2 0,25 = -2$;   c) $\log_3 \sqrt{3} = \frac{1}{2}$

da $5^2 = 25$ da $2^{-2} = 0,25$ da $3^{1/2} = \sqrt{3}$

Wichtige Sonderfälle: $\log_a a = 1$; $\log_a 1 = 0$; $\log_a(a^x) = x$

2. Logarithmengesetze

Aus den Potenzgesetzen und der Definition des Logarithmus folgen die Rechenregeln (für beliebige Basis $a > 0$):

I. $\log(uv) = \log u + \log v$

II. $\log \dfrac{u}{v} = \log u - \log v$ $u > 0, \; v > 0, \; k \in \mathbb{R}$

III. $\log(u^k) = k \log u$

Folgerung aus II: $\log \dfrac{1}{v} = -\log v$

Mit diesen Gesetzen kann man den Logarithmus eines komplizierten Ausdrucks auf Logarithmen einfacherer Ausdrücke zurückführen und umgekehrt.

Beispiel 2: a) $\frac{2}{3}(\log u - \log v) = \frac{2}{3} \log \frac{u}{v} = \log \left[\left(\frac{u}{v}\right)^{2/3} \right] = \log \sqrt[3]{\left(\frac{u}{v}\right)^2}$

b) $\log \dfrac{2\sqrt{a+b}\; a^3}{\sqrt[3]{c}\,(a+c)^2} = \log 2 + \frac{1}{2}\log(a+b) + 3\log a - \frac{1}{3}\log c$

$- 2\log(a+c)$

3. Wichtige Grundzahlen

Praktisch von Bedeutung sind die Grundzahlen $a = e$, $a = 10$, $a = 2$:

$\log_e b = \ln b$ ... natürlicher Log. mit $e = \lim\limits_{n \to \infty} (1 + \frac{1}{n})^n \approx 2{,}7183$

$\log_{10} b = \lg b$ ... Zehnerlog., dekadischer Log.

$\log_2 b = \mathrm{ld}\, b$ ... Zweierlog., dualer Log.

4. Umrechnung zwischen Logarithmen verschiedener Basen

Nach Definition des Logarithmus gilt

$$a^x = b \quad \Longleftrightarrow \quad x = \log_a b \qquad\qquad (*)$$

Logarithmiert man die linke Gleichung zur Basis e, so ergibt sich

$$\ln(a^x) = \ln b \quad \Rightarrow \quad x \ln a = \ln b \quad \Rightarrow \quad x = \frac{\ln b}{\ln a} \qquad (**)$$

Vergleich von (*) und (**) ergibt

$$\underline{\log_a b = \frac{\ln b}{\ln a}} \qquad \text{Sonderfall } a = 10: \qquad \lg b = \frac{1}{\ln 10} \ln b$$

5. Lösung von Exponential- und Logarithmusgleichungen

Einfache Gleichungen lassen sich direkt mit Hilfe der Definition lösen.

<u>Beispiel 3:</u> a) $2^x = 64 \Rightarrow x = 6$, da $2^6 = 64$

   b) $\log_x \frac{1}{5} = -1 \Longleftrightarrow x^{-1} = \frac{1}{5} \Rightarrow x = 5$

Für kompliziertere Gleichungen läßt sich kein allgemeines Schema angeben. Je nach Aufgabe formt man um durch Logarithmieren oder Potenzieren (Entlogarithmieren) unter Verwendung der Logarithmusdefinition und der Potenz- und Logarithmusgesetze.

<u>Beispiel 4:</u> $\ln(2x - 3) = \frac{1}{2}$ entlogarithmieren

$\Longleftrightarrow \qquad 2x - 3 = e^{1/2}$

$\Longleftrightarrow \qquad x = \frac{1}{2}(3 + \sqrt{e}) = 2,324$

<u>Beispiel 5:</u> $3 + 2e^{-2x} - 5e^{-x} = 0$ Substitution $u = e^{-x}$

$2u^2 - 5u + 3 = 0$

$\Rightarrow \quad u_1 = 1 = e^{-x_1} \quad \Rightarrow \quad x_1 = 0$

$\qquad u_2 = \frac{3}{2} = e^{-x_2} \quad \Rightarrow \quad x_2 = -\ln\frac{3}{2} = -0,40556$

<u>Beispiel 6:</u> $(\frac{3}{4})^{2x+1} = (\frac{4}{5})^{x+2}$ logarithmieren zur Basis e

$\Longleftrightarrow (2x+1)\ln\frac{3}{4} = (x+2)\ln\frac{4}{5} \Longleftrightarrow x(2\ln\frac{3}{4} - \ln\frac{4}{5}) = 2\ln\frac{4}{5} - \ln\frac{3}{4}$

$$\Rightarrow \quad x = \frac{2\ln\frac{4}{5} - \ln\frac{3}{4}}{2\ln\frac{3}{4} - \ln\frac{4}{5}} = \frac{\ln\frac{16\cdot4}{25\cdot3}}{\ln\frac{9\cdot5}{16\cdot4}} = \frac{\ln\frac{64}{75}}{\ln\frac{45}{64}} = 0,4503$$

Algebra 13

RECHNEN MIT UNGLEICHUNGEN

1. Grundgesetze der Anordnung - Rechenregeln $(a, b, c \in \mathbb{R})$

(1) Für $a, b \in \mathbb{R}$ gilt genau eine der drei Relationen

$$a < b \quad \text{oder} \quad a = b \quad \text{oder} \quad a > b$$

(2) $a < b$ und $b < c \Rightarrow a < c$

(3) $a < b \qquad\qquad \Longleftrightarrow a + c < b + c$

(4) $a < b$ und $c > 0 \Longleftrightarrow ac < bc$

$\quad\; a < b$ und $c < 0 \Longleftrightarrow ac > bc$

(5) $a < b \Longleftrightarrow -a > -b$

(6) $ab > 0 \Longleftrightarrow a > 0, b > 0 \quad \underline{\text{oder}} \quad a < 0, b < 0$

(7) $0 < a < b \Rightarrow \dfrac{1}{a} > \dfrac{1}{b}$

Entsprechende Regeln gelten auch für $\geq$, $\leq$ anstelle von $>$, $<$.

Beispiel 1:   Veranschaulichung der Rechenregeln (4) - (7)

zu (4): $2 < 5 \;|\cdot 3 \Longleftrightarrow 6 < 15$; $2 < 5 \;|\cdot(-3) \Longleftrightarrow -6 > -15$

zu (5): $2 < 3 \Longleftrightarrow -2 > -3$; $-4 < 1 \Longleftrightarrow 4 > -1$

zu (6): $2\cdot 4 = 8 > 0$, $(-2)\cdot(-4) = 8 > 0$, $2\cdot(-4) = (-2)\cdot 4 = -8 < 0$

zu (7): $0 < 2 < 5 \Rightarrow \dfrac{1}{2} > \dfrac{1}{5}$

2. Äquivalenzumformungen bei Ungleichungen

Zwei Ungleichungen, die dieselben unbekannten Größen enthalten, heißen äquivalent (gleichwertig), wenn ihre Lösungsmengen gleich sind.

(3) $\Rightarrow$ Auf beiden Seiten einer Ungleichung darf derselbe Term addiert werden.

(4) $\Rightarrow$ Beide Seiten einer Ungleichung dürfen mit einem Faktor $c \neq 0$ multipliziert werden:

$\quad\quad\;\; c > 0$: Anordnung bleibt erhalten

$\quad\quad\;\; c < 0$: Anordnung ist zu ändern (d.h. "<" ersetzen durch ">", "$\leq$" durch "$\geq$" ...)

14 Algebra

3. Behandlung von Ungleichungen

Einfache Ungleichungen lassen sich prinzipiell nach zwei verschiedenen Methoden behandeln:

bei der algebraischen Methode formt man die Ungleichung mit den oben zusammengestellten Rechenregeln so lange (äquivalent) um, bis sich die Lösungsmenge ergibt;

bei der graphischen Methode versucht man die Lösungsmenge aus einem geeigneten Schaubild abzulesen.

Beispiel 2: $x + 1 \leq -x + 5$ (*)

Methode 1: $(x - 1)$ auf beiden Seiten addieren

$\Leftrightarrow$ $2x \leq 4$ $\mid \cdot \frac{1}{2} > 0$

$\Leftrightarrow$ $x \leq 2$

Erg.: $\mathbb{L} = \{ x \mid x \leq 2 \} = (-\infty ; 2]$

Methode 2:

(*) $\Leftrightarrow$ Für welche x verläuft die Gerade
$y = x + 1$ unterhalb der Geraden
$y = -x + 5$?

Erg.: $\mathbb{L} = (-\infty ; 2]$

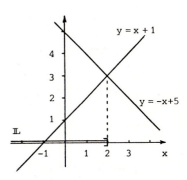

Lineare Ungleichungen lassen sich stets nach Methode 1 mit Hilfe von Äquivalenzumformungen auflösen.

Beispiel 3: $x^2 + 2x - 3 < 0$ (**)

Methode 1:

1. Weg mit quadratischer Ergänzung   2. Weg mit Produktdarstellung

(**) $\Leftrightarrow$ $(x+1)^2 - 4 < 0$ $x^2 + 2x - 3 = 0 \Rightarrow x_1 = 1, x_2 = -3$

$\Leftrightarrow$ $(x+1)^2 < 4$ ($\Rightarrow$) $x^2 + 2x - 3 = (x-1)(x+3)$

$\Leftrightarrow$ $\mid x + 1 \mid < 2$ (**) $\Leftrightarrow$ $(x-1)(x+3) < 0$

$\Leftrightarrow$ $-2 < x + 1 < 2$ beide Faktoren positiv für $x > 1$

$\Leftrightarrow$ $-3 < x < 1$ negativ für $x < -3$

                                        Produkt also negativ in $(-3 ; 1)$

Erg.: $\mathbb{L} = \{ x \mid -3 < x < 1 \} = (-3 ; 1)$

Methode 2:

(**) ⟺ Für welche x verläuft die Parabel
$y = x^2 + 2x - 3$ unterhalb der
x-Achse?

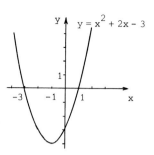

Nullstellen der Parabel: $x_1 = 1$, $x_2 = -3$

⇒ $y = x^2 + 2x - 3 = (x - 1)(x + 3)$

Parabel nach oben geöffnet

Erg.: Der Skizze entnimmt man $\mathbb{L} = (-3; 1)$

Quadratische Ungleichungen lassen sich stets nach beiden Methoden behandeln. Am einfachsten ist die "Nullstellen-Methode", bei der man die Lösung mit Hilfe der Nullstellen und der Orientierung der entsprechenden Parabel ermittelt (→ Bsp. 3, Methode 2). Man erkennt, daß für die Lösungsmenge einer quadratischen Ungleichung folgende Fälle möglich sind:

entweder ein endliches Intervall   z.B. $x^2 + 2x - 3 < 0$
oder die Vereinigung zweier Halbgeraden $x^2 + 2x - 3 > 0$
oder die leere Menge $x^2 + 1 \leq 0$
oder die Menge $\mathbb{R}$ aller reellen Zahlen $2x^2 + 3 > 0$

Bei komplizierteren Ungleichungen ist nur die algebraische Methode sinnvoll; häufig sind dabei Fallunterscheidungen nötig.

Beispiel 4: $\frac{x}{x+2} < 0$, $x \in \mathbb{R} \setminus \{-2\}$ (***)

(***) ⟺ Zähler $Z(x) = x$ und Nenner $N(x) = x + 2$ haben unterschiedliches Vorzeichen

Die Lösungsmenge kann man leicht ablesen an den Schaubildern von $Z(x)$ und $N(x)$ oder direkt am Zahlenstrahl:

a) Schaubilder   b) Zahlenstrahl

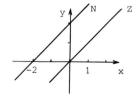   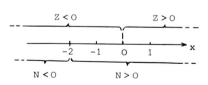

Erg.: Unterschiedliches Vorzeichen von Z und N in $\mathbb{L} = (-2; 0)$

16 Algebra

Beispiel 5: $\dfrac{x+1}{x-1} \leq 2$, $x \in \mathbb{R} \setminus \{1\}$

Fall 1: $x - 1 > 0$ d.h. $x > 1$ | Fall 2: $x - 1 < 0$ d.h. $x < 1$

$\dfrac{x+1}{x-1} \leq 2$ | $\cdot (x-1) > 0$ | $\dfrac{x+1}{x-1} \leq 2$ | $\cdot (x-1) < 0$!

$\Leftrightarrow\ x + 1 \leq 2x - 2$ | $\Leftrightarrow\ x + 1 \geq 2x - 2$

$\Leftrightarrow\ 3 \leq x$ | $\Leftrightarrow\ 3 \geq x$

$\Rightarrow\ \mathbb{L}_1 = \{\, x \mid x > 1\ \text{und}\ x \geq 3\,\}$ | $\Rightarrow\ \mathbb{L}_2 = \{\, x \mid x < 1\ \text{und}\ x \leq 3\,\}$

$\phantom{\Rightarrow\ \mathbb{L}_1} = \{\, x \mid x \geq 3\,\}$ | $\phantom{\Rightarrow\ \mathbb{L}_2} = \{\, x \mid x < 1\,\}$

Erg.: $\mathbb{L} = \mathbb{L}_1 \cup \mathbb{L}_2 = \{\, x \mid x < 1\ \text{oder}\ x \geq 3\,\}$

Darstellung am Zahlenstrahl:

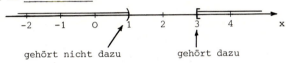

gehört nicht dazu   gehört dazu

Beispiel 6: $\dfrac{3}{x-5} < \dfrac{2}{x+3}$, $x \in \mathbb{R} \setminus \{-3, 5\}$ $\begin{pmatrix}*\\ *\end{pmatrix}$

Zur Beseitigung der Brüche multipliziert man mit dem Hauptnenner HN;
Fallunterscheidung: HN > 0, HN < 0 !

Fall 1: HN = $(x-5)(x+3) > 0$ | Fall 2: HN = $(x-5)(x+3) < 0$

$D_1 = \{\, x \mid x > 5\ \text{oder}\ x < -3\,\}$ | $D_2 = \{\, x \mid -3 < x < 5\,\}$

Für $x \in D_1$ ist $\begin{pmatrix}*\\ *\end{pmatrix}$ äquivalent zu | Für $x \in D_2$ ist $\begin{pmatrix}*\\ *\end{pmatrix}$ äquivalent zu

$3(x+3) < 2(x-5)$ | $3(x+3) > 2(x-5)$

$\Leftrightarrow\ 3x + 9\ < 2x - 10$ | $\Leftrightarrow\ 3x + 9\ > 2x - 10$

$\Leftrightarrow\ \ x < -19$ ($x \in D_1$?) | $\Leftrightarrow\ \ x > -19$ ($x \in D_2$?)

Für $x < -19$ ist HN > 0, also | Für alle $x \in D_2$ ist $x > -19$, also

$\mathbb{L}_1 = \{\, x \mid x < -19\,\}$ | $\mathbb{L}_2 = D_2 = \{\, x \mid -3 < x < 5\,\}$

Erg.: $\mathbb{L} = \mathbb{L}_1 \cup \mathbb{L}_2 = \{\, x \mid x < -19\ \text{oder}\ -3 < x < 5\,\} = (-\infty; -19) \cup (-3; 5)$

Darstellung am Zahlenstrahl !

Algebra 17

RECHNEN MIT BETRÄGEN

1. Definition

Unter dem Betrag der Zahl $x \in \mathbb{R}$ versteht man

$$|x| = \begin{cases} x & \text{für} \quad x \geq 0 \\ -x & \text{für} \quad x < 0 \end{cases}$$

$|x|$ gibt auf der Zahlengeraden den Abstand der Zahl x von 0 an; entsprechend bedeutet $|a - b|$ den Abstand der beiden Zahlen a, b. Der Betrag einer Zahl ist nie negativ.

Beispiel 1: $|-2| = -(-2) = 2$, $|3 - 5| = |5 - 3| = 2$

$\qquad\qquad | 1 - |5 - 3| | = |1 - 2| = |-1| = 1$

Beispiel 2: Betragsfreie Darstellung von $|4x - 8|$

$$|4x - 8| = \begin{cases} 4x - 8 & \text{für} \quad 4x - 8 > 0, \text{ d.h. für } \quad x > 2 \\ 0 & \text{für} \quad 4x - 8 = 0, \text{ d.h. für } \quad x = 2 \\ -4x + 8 & \text{für} \quad 4x - 8 < 0, \text{ d.h. für } \quad x < 2 \end{cases}$$

2. Eigenschaften

(1) $|x| \leq c \iff -c \leq x \leq c$ für $x, c \in \mathbb{R}$, $c > 0$

(2) $|a \pm b| \leq |a| + |b|$ "Dreiecksungleichung"

(3) $|a \cdot b| = |a| \cdot |b|$; $\left| \dfrac{a}{b} \right| = \dfrac{|a|}{|b|}$; $|a^n| = |a|^n$

Beispiel 3: Veranschaulichung der Eigenschaften (2) und (3)

zu (2): $|2 + 3| = 5 = |2| + |3|$; $|2 - 3| = 1 < |2| + |3|$

zu (3): $|2 \cdot 3| = |2| \cdot |3| = 6$; $|2 \cdot (-3)| = |2| \cdot |-3| = 6$

3. Anwendungen und Beispiele

Eigenschaft (1) verwendet man häufig zur Angabe von Zahlenmengen.

Beispiel 4:

$|x| \leq 2 \iff -2 \leq x \leq 2$ abgeschlossenes Intervall

$|x| > 2 \iff x < -2$ oder $x > 2$ zwei offene Halbgeraden

$|x - 2| < 4 \iff -4 < x - 2 < 4$

$\qquad\qquad\quad \iff -2 < x < 6$ offenes Intervall

$|x - 2| \geq 4 \iff x - 2 \leq -4$ oder $x - 2 \geq 4$

$\qquad\qquad\quad \iff x \leq -2$ oder $x \geq 6$ zwei abgeschlossene Halbgeraden

18   Algebra

Verallgemeinerung (r > 0):

$|x - a| \leq r \iff$ \
$a - r \leq x \leq a + r$ $\quad\Big\}$ Menge aller Punkte, deren Abstand von a kleiner oder gleich r ist

$|x - a| > r \iff$ \
$x - a < -r$ oder $x - a > r$ $\quad\Big\}$ Menge aller Punkte, deren Abstand von a größer als r ist

Bei Gleichungen und Ungleichungen mit Beträgen kann man entweder die <u>Betragsdefinition</u> anwenden, was auf Fallunterscheidungen führt, oder man kann versuchen, die Betragsstriche wegzubringen durch <u>Quadrieren</u>.

<u>Beispiel 5:</u> Für welche x gilt $|x - 3| = 5$?

<u>Lösung:</u> 1. Weg: <u>Betragsdefinition</u> und Fallunterscheidung

<u>Fall 1:</u> $x \geq 3$	<u>Fall 2:</u> $x < 3$
Gl. $\iff$ $x - 3 = 5$	Gl. $\iff$ $-x + 3 = 5$
$x = 8$ (> 3)	$x = -2$ (< 3)

$\Rightarrow$ <u>Erg.:</u> $\mathbb{L} = \{-2, 8\}$

2. Weg: Betragsstriche eliminieren durch <u>Quadrieren</u>

Quadrieren: $x^2 - 6x + 9 = 25$ $\Rightarrow$ $x_{1,2} = \dfrac{6 \pm \sqrt{36 + 64}}{2} = \begin{cases} 8 \\ -2 \end{cases}$ (s.o.)

3. Weg: Deutung des Betrags als <u>Abstand</u>. Welche Zahlen x haben von 3 den Abstand 5 ?

$\Rightarrow$ <u>Erg.:</u> $x_{1,2} = 3 \pm 5$ s.o.

<u>Beispiel 6:</u> $|3x - 6| \leq x + 2$ (*)

<u>Fall 1:</u> $x \geq 2$	<u>Fall 2:</u> $x < 2$
(*) $\iff$ $3x - 6 \leq x + 2$	(*) $\iff$ $-3x + 6 \leq x + 2$
$\iff$ $x \leq 4$	$\iff$ $x \geq 1$
$\Rightarrow$ $\mathbb{L}_1 = \{x \mid 2 \leq x \leq 4\}$	$\Rightarrow$ $\mathbb{L}_2 = \{x \mid 1 \leq x \leq 2\}$

<u>Erg.:</u> $\mathbb{L} = \mathbb{L}_1 \cup \mathbb{L}_2 = \{x \mid 1 \leq x \leq 4\}$

<u>Beispiel 7:</u> $\dfrac{a + b + |a - b|}{2} = \begin{cases} a & \text{für} \quad a \geq b \\ b & \text{für} \quad a < b \end{cases} = \max(a, b)$

Algebra 19

Verschiedene Vereinbarungen

1. Summenzeichen

Def. 1: $\quad a_1 + a_2 + \ldots + a_n = \sum\limits_{k=1}^{n} a_k \quad \begin{cases} \text{"Summe über } a_k \text{ für k} \\ \text{von 1 bis n"} \end{cases}$

$\Sigma \ldots$ Summenzeichen; $\quad k \ldots$ Summationsindex;

$1, n \ldots$ Summationsgrenzen, d.h. der Summationsindex k

nimmt der Reihe nach die Werte $1, 2, \ldots n$ an.

Statt k kann jeder beliebige Buchstabe verwendet werden, entscheidend sind nur die Summationsgrenzen:

$$\sum\limits_{k=1}^{n} a_k = \sum\limits_{j=1}^{n} a_j = \sum\limits_{i=1}^{n} a_i \, .$$

Beispiele:

a) $\quad 1 + \dfrac{1}{2} + \dfrac{1}{3} + \dfrac{1}{4} + \dfrac{1}{5} = \sum\limits_{k=1}^{5} \dfrac{1}{k}$

b) $\quad \sum\limits_{k=1}^{5} \dfrac{(-1)^{k+1}}{k} = 1 - \dfrac{1}{2} + \dfrac{1}{3} - \dfrac{1}{4} + \dfrac{1}{5}$

c) $\quad \sum\limits_{n=2}^{4} \dfrac{n^2-1}{n^2+1} = \dfrac{3}{5} + \dfrac{8}{10} + \dfrac{15}{17}$

d) $\quad \sum\limits_{m=-2}^{2} m = -2 - 1 + 0 + 1 + 2 = 0$

Wichtige Rechenregeln:

1) $\quad \sum\limits_{k=m}^{n} a_k = \begin{cases} a_m + a_{m+1} + \ldots + a_n & \text{für} \quad m < n \\ a_n & \text{für} \quad m = n \\ 0 & \text{für} \quad m > n \end{cases}$

2) $\quad \sum\limits_{k=1}^{n} (a_k + b_k) = \sum\limits_{k=1}^{n} a_k + \sum\limits_{k=1}^{n} b_k$

3) $\quad \sum\limits_{k=1}^{n} c\, a_k = c \sum\limits_{k=1}^{n} a_k$

2. Fakultät

Def. 2: $\quad n! = 1 \circ 2 \circ 3 \circ \ldots \cdot n \qquad$ "n-Fakultät"

$\qquad\quad 0! = 1 \qquad$ (zweckmäßige Erweiterung der Def.)

n! wächst sehr stark an mit n, z.B. $5! = 120$; $10! = 3\,628\,800$; $20! = 2,432902008 \cdot 10^{18}$

20 Algebra

3. Binomialkoeffizienten - Binomischer Satz

Der Binomische Satz gibt an, wie man die Potenzen $(a+b)^n$ des Binoms (zweigliedrige Summe) $a+b$ berechnet. Für $n = 0, 1, \ldots 4$ erhält man durch Ausmultiplizieren:

$$(a+b)^0 = 1$$
$$(a+b)^1 = a + b$$
$$(a+b)^2 = a^2 + 2ab + b^2$$
$$(a+b)^3 = a^3 + 3a^2b + 3ab^2 + b^3$$
$$(a+b)^4 = a^4 + 4a^3b + 6a^2b^2 + 4ab^3 + b^4$$
$$\ldots \ldots \ldots \ldots \ldots \ldots \ldots \ldots \ldots \ldots \ldots$$

Die Anzahl der Summanden ist jeweils um eins größer als der Exponent n. Die Summanden sind mit Koeffizienten versehene Potenzprodukte aus a und b; die Summe der Exponenten in jedem Potenzprodukt ist n.

Die Koeffizienten können dabei folgendem Schema (linke Hälfte) entnommen werden:

In diesem <u>Pascalschen Dreieck</u> ist jede Zahl die Summe der beiden darüberstehenden Zahlen.

Die Koeffizienten der Entwicklung von $(a+b)^n$, also die Zahlen des Pascal-Dreiecks, heißen <u>Binomialkoeffizienten</u>; der k-te Koeffizient wird bezeichnet mit $\binom{n}{k}$, gesprochen "n über k". Mit diesen Symbolen nimmt das Pascal-Dreieck die oben rechts angegebene Form an.

Zur Berechnung der Binomialkoeffizienten für große n verwendet man statt des Pascal-Schemas besser die Formel der folgenden Definition:

Algebra 21

Def. 3: Binomialkoeffizienten ($n \in \mathbb{N}$, $k = 1, 2, \ldots n$)

$$\binom{n}{k} = \frac{n \cdot (n-1) \cdot (n-2) \cdot \ldots \cdot (n-k+1)}{1 \cdot 2 \cdot 3 \cdot \ldots \cdot k}$$

$$\binom{n}{0} = 1 \qquad \text{(zweckmäßige Erweiterung der Definition !)}$$

Binomischer Satz:

Ist n eine beliebige natürliche Zahl, so gilt für die n-te Potenz des Binoms $(a+b)$

$$(a+b)^n = \binom{n}{0}a^n + \binom{n}{1}a^{n-1}b + \binom{n}{2}a^{n-2}b^2 + \ldots + \binom{n}{n-1}ab^{n-1} + \binom{n}{n}b^n$$

$$= \sum_{k=0}^{n} \binom{n}{k} a^{n-k}b^k$$

Beispiele:

a) $(a+b)^4 = \binom{4}{0}a^4 + \binom{4}{1}a^3b + \binom{4}{2}a^2b^2 + \binom{4}{3}ab^3 + \binom{4}{4}b^4$

$\qquad = a^4 + 4a^3b + \frac{4\cdot3}{1\cdot2}a^2b^2 + \frac{4\cdot3\cdot2}{1\cdot2\cdot3}ab^3 + \frac{4\cdot3\cdot2\cdot1}{1\cdot2\cdot3\cdot4}b^4$

$\qquad = a^4 + 4a^3b + 6a^2b^2 + 4ab^3 + b^4 \qquad$ (s. 4. Zeile im Pascal-Dr.)

b) $\binom{10}{2} = \frac{10\cdot9}{1\cdot2} = 45 \; ; \qquad \binom{10}{8} = \frac{10\cdot9\cdot8\cdot7\cdot6\cdot5\cdot4\cdot3}{1\cdot2\cdot3\cdot4\cdot5\cdot6\cdot7\cdot8} = 45$

$\Rightarrow \binom{10}{2} = \binom{10}{8} \qquad$ (vgl. Symmetrie des Pascal-Dreiecks)

c) $(3u-2)^3 = (3u)^3 + 3(3u)^2 \cdot (-2) + 3\cdot(3u)(-2)^2 + (-2)^3$

$\qquad = 27u^3 - 54u^2 + 36u - 8$

Eigenschaften der Binomialkoeffizienten

a) Erweitert man den Ausdruck für $\binom{n}{k}$ in Def. 3 mit $(n-k)!$, so erhält man

$$\binom{n}{k} = \frac{n!}{k!\,(n-k)!} \qquad (*)$$

b) Ersetzt man in (*) k durch $(n-k)$, so erhält man

$$\binom{n}{n-k} = \frac{n!}{(n-k)!\,[n-(n-k)]!} = \frac{n!}{(n-k)!\,k!} = \binom{n}{k} \quad \Rightarrow \quad \binom{n}{n-k} = \binom{n}{k}$$

Symmetrieeigenschaft der Binomialkoeffizienten, bzw. des Pascal-Dr.

c) Beweisen Sie: $\binom{n}{k} + \binom{n}{k-1} = \binom{n+1}{k} \; ; \quad k \geq 1$.

Deutung am Pascal-Dreieck !

II. ELEMENTARE FUNKTIONEN

1. Grundbegriffe

Def.: Eine reelle Funktion f ist eine Zuordnung, bei der jeder reellen Zahl $x \in D$ genau eine reelle Zahl $y \in W$ zugeordnet ist.

$$x \longmapsto y \quad \text{mit} \quad y = f(x), \quad x \in D$$

Die graphische Darstellung der Punkte (x/y) mit $y = f(x)$ in einem rechtwinkligen Koordinatensystem heißt Schaubild (Bild, Kurve, Graph) der Funktion.

Bez.:
- D ... Definitionsbereich
- W ... Wertebereich
- x ... Argument, unabhängige Variable (Veränderliche)
- y ... abhängige Variable (Veränderliche)
- $y = f(x)$ ... Funktionsgleichung
- $f(x_0)$ ... Funktionswert an der Stelle x_0

Beispiele:

a) $y = x^2 - 4$; $D = \mathbb{R}$, $W = [-4 ; \infty)$

b) $y = |x^2 - 4|$; $D = \mathbb{R}$, $W = [0 ; \infty)$

c) $y = \begin{cases} x^2 & \text{für } 0 \leq x < 1 \\ 2x - 1 & \text{für } 1 \leq x < 2 \\ -x + 5 & \text{für } 2 \leq x < 5 \end{cases}$ $\quad D = [0 ; 5)$, $W = [0 ; 3]$

Skizze !

d) Die Kreisgleichung $(x - 2)^2 + y^2 = 9$ führt zu zwei Funktionen:

$y = f_1(x) = \sqrt{9 - (x - 2)^2}$; $D_1 = [-1 ; 5]$, $W_1 = [0 ; 3]$

$y = f_2(x) = -\sqrt{9 - (x - 2)^2}$; $D_2 = [-1 ; 5]$, $W_2 = [-3 ; 0]$

e) Definitionsbereiche:

$f_1(x) = \sqrt{-x^2 + 4x - 3}$ Bed.: $-x^2 + 4x - 3 \geq 0 \iff 1 \leq x \leq 3$

$f_2(x) = \dfrac{1}{x^2 + x - 2}$ Bed.: $x^2 + x - 2 \neq 0 \iff x \neq -2, \; x \neq 1$

$f_3(x) = \ln(x + 2)$ Bed.: $x + 2 > 0 \iff x > -2$

Verallgemeinerung von Bsp. e: Bei der Bestimmung des Definitionsbereichs sind folgende Bedingungen zu erfüllen:

1. Nenner $\neq 0$
2. Radikand ≥ 0
3. Argument des Logarithmus > 0

Elementare Funktionen 23

2. Eigenschaften reeller Funktionen und ihrer Schaubilder

Monotonie (in einem Intervall)

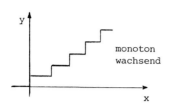 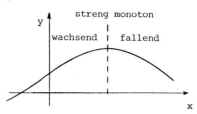

monoton wachsend: $\quad x_1 < x_2 \Rightarrow f(x_1) \leq f(x_2)$

streng monoton wachsend: $\quad x_1 < x_2 \Rightarrow f(x_1) < f(x_2)$

Symmetrie

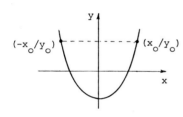 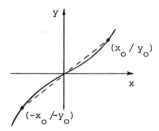

$f(-x) = f(x)$

Symmetrie zur y-Achse
gerade Funktion

$f(-x) = -f(x)$

Symmetrie zum Ursprung
ungerade Funktion

Beschränktheit

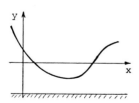 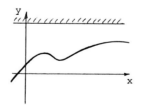 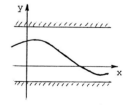

nach unten beschränkt:
Kurve oberhalb einer
Parallelen zur x-Achse

nach oben beschränkt:
Kurve unterhalb einer
Parallelen zur x-Achse

beschränkt:
Kurve in einem zur
x-Achse parallelen
Streifen

24 Elementare Funktionen

Achsenschnittpunkte

Schnittpunkt mit x-Achse,
Nullstelle der Funktion:

x_0 mit $f(x_0) = 0$

Schnittpunkt mit y-Achse:

$y_0 = f(0)$

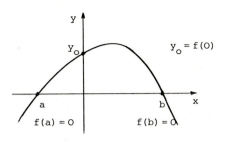

Periodische Funktionen

Funktion mit Periode P:

$f(x + P) = f(x)$

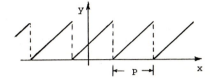

Beispiele: Skizzieren Sie jeweils die Schaubilder !

a) $y = x + 1$ streng monoton wachsend in $\mathbb{R}$

$y = x^2$ $\begin{cases} \text{streng monoton fallend für } -\infty < x \leq 0 \\ \text{streng monoton wachsend für } 0 \leq x < \infty \end{cases}$

b) $f(x) = 2x^2 + 1$ gerade Funktion: $2(-x)^2 + 1 = 2x^2 + 1$

$f(x) = \sin x$ ungerade Funktion: $\sin(-x) = -\sin x$

c) $f(x) = x^2 + 1$ nach unten beschränkt: $f(x) \geq 1$

$f(x) = \cos x$ beschränkt: $|\cos x| \leq 1$

d) $f(x) = x^2 - 1$ hat die Nullstellen $x_1 = 1$ und $x_2 = -1$: $f(\pm 1) = 0$

schneidet die y-Achse bei $y_0 = f(0) = -1$

e) $f(x) = \sin x$ hat unendlich viele Nullstellen in $\mathbb{R}$

$x_k = k\pi$, $k = 0, \pm 1, \pm 2 \ldots$: $\sin(k\pi) = 0$

f) $f(x) = \sin x$ und $g(x) = \cos x$ sind periodisch mit $P = 2\pi$.

Elementare Funktionen   25

Umkehrbare Funktionen

Def.: Eine Funktion f mit Definitionsbereich D und Wertebereich W heißt umkehrbar, wenn zu jedem Funktionswert $y \in W$ genau ein Argumentwert $x \in D$ gehört.

Die Funktion f^{-1}, welche den Elementen von W eindeutig die Elemente von D zuordnet, heißt Umkehrfunktion der Funktion f.

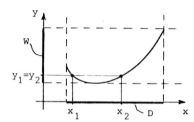
nicht umkehrbar: $f(x_1) = f(x_2)$

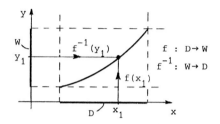
$f : D \rightarrow W$
$f^{-1} : W \rightarrow D$
umkehrbar: $x_1 \neq x_2 \Rightarrow f(x_1) \neq f(x_2)$

Funktion $y = f(x)$ und Umkehrfunktion $x = f^{-1}(y)$ besitzen dasselbe Schaubild, nur die Zuordnungsrichtung ist geändert.

Bei der Untersuchung von Funktionen ist es üblich, das Argument, die unabhängige Variable mit x zu bezeichnen. Man vertauscht deshalb in der Funktionsgleichung $x = f^{-1}(y)$ die Zeichen x und y und erhält die Umkehrfunktion in der Form $y = f^{-1}(x)$. Durch diese Vertauschung wird das Schaubild an der 1. Winkelhalbierenden gespiegelt: dem Kurvenpunkt (a/b) der Ausgangsfunktion $y = f(x)$ entspricht der Kurvenpunkt (b/a) der Umkehrfunktion $y = f^{-1}(x)$.

Beispiel:

f(x): $\quad y = x^2 \quad$ mit $\quad \begin{cases} x \in D_f = [0;2] \\ y \in W_f = [0;4] \end{cases}$

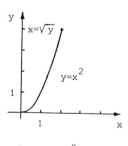

1.) auflösen nach x (→ Änderung der Zuordnungsrichtung)

$\Rightarrow$ $f^{-1}(y)$: $\quad x = \sqrt{y} \quad$ mit $\quad \begin{cases} y \in D_{f^{-1}} = W_f = [0;4] \\ x \in W_{f^{-1}} = D_f = [0;2] \end{cases}$

2.) vertauschen von x und y (→ übliche Bezeichnung: Argument x)

$\Rightarrow$ $f^{-1}(x)$: $\quad y = \sqrt{x} \quad$ mit $\quad \begin{cases} x \in D_{f^{-1}} = [0;4] \\ y \in W_{f^{-1}} = [0;2] \end{cases}$

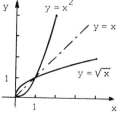

26   Elementare Funktionen

Zusammenfassung:

a) Die Umkehrfunktion $y = f^{-1}(x)$ einer umkehrbaren Funktion $f(x)$ erhält man in zwei Schritten:

1. auflösen von $y = f(x)$ nach x $\Rightarrow$ $x = f^{-1}(y)$
2. vertauschen von x und y $\Rightarrow$ $y = f^{-1}(x)$

Dabei werden Definitionsbereich und Wertebereich vertauscht:
$$D_{f^{-1}} = W_f , \quad W_{f^{-1}} = D_f$$

b) Das Bild der Umkehrfunktion $y = f^{-1}(x)$ entsteht aus dem der Ausgangsfunktion $y = f(x)$ durch Spiegelung an der Geraden $y = x$.

c) Zu jeder streng monotonen Funktion gibt es eine Umkehrfunktion.

3. Ganzrationale Funktionen (Polynome)

3.1. Definition und typische Eigenschaften

Def.: Die Funktion

$$f_n(x) = a_o + a_1 x + a_2 x^2 + \ldots + a_n x^n , \quad x \in \mathbb{R}$$

mit reellen Koeffizienten $a_o, \ldots a_n$ und $a_n \neq 0$ heißt ganzrationale Funktion (Polynom) vom Grad n.

Satz 1: Ganzrationale Funktionen sind definiert für alle $x \in \mathbb{R}$; sie sind überall stetig.

Nullstellen einer ganzrationalen Funktion sind Lösungen der Gleichung $f_n(x) = 0$; sie entsprechen den Schnittpunkten des zugehörigen Schaubilds mit der x-Achse.

Charakteristische Eigenschaften von Polynomen mit Grad $n \leq 3$ sind auf der folgenden Seite in einer Tabelle zusammengestellt.

Satz 2: Das Verhalten einer ganzrationalen Funktion $f_n(x)$ für große Werte von $|x|$ hängt nur ab vom Glied mit dem höchsten Exponenten von x: $f_n(x) \approx a_n x^n$ für $|x| \to \infty$

  a) n gerade: f_n ist entweder nach oben oder nach unten beschränkt;

  b) n ungerade: f_n ist weder nach oben noch nach unten beschränkt.

Elementare Funktionen 27

<u>Tabelle:</u> Ganzrationale Funktionen vom Grad $n \leq 3$

Grad	Funktionsgleichung	Typische Bilder	Anzahl der Nullstellen
0	$f_o(x) = a_o$, $a_o \neq 0$ Konstante		0
1	$f_1(x) = a_o + a_1 x$, $a_1 \neq 0$ lineare Funktion, Gerade	$a_1 > 0$ $a_1 < 0$	1
2	$f_2(x) = a_o + a_1 x + a_2 x^2$ $a_2 \neq 0$ quadratische Funktion, Parabel	$(a_2 > 0)$ $a_2 > 0$: nach oben offen $a_2 < 0$: nach unten offen	höchstens 2
3	$f_3(x) = a_o + a_1 x + a_2 x^2 + a_3 x^3$ $a_3 \neq 0$ kubische Parabel	$(a_3 > 0)$ $a_3 > 0$ $\begin{cases} \text{von links unten} \\ \text{nach rechts oben} \end{cases}$ $a_3 < 0$ $\begin{cases} \text{von links oben} \\ \text{nach rechts unten} \end{cases}$	höchstens 3, mindestens 1.

28 Elementare Funktionen

Beispiel 1:   Veranschaulichung von Satz 2

a) $f_2(x) = -x^2 + 4$
    Parabel, nach unten geöffnet
    durch $(\pm 2 / 0)$ und $(0 / 4)$

b) $f_3(x) = \frac{1}{2}x^3 - 2x = \frac{1}{2}x(x^2 - 4)$
    kubische Parabel, Nullstellen $0, \pm 2$;
    von links unten nach rechts oben

c) $f_4(x) = x^4 - 2x^2 + 1 = (x^2 - 1)^2$
    symmetrisch zur y-Achse, $y \geq 0$
    Tiefpunkte $(\pm 1 / 0)$, Hochpunkt $(0 / 1)$

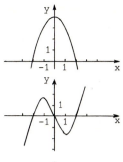

3.2. Nullstellen und Faktorzerlegung

Beispiel 2: Die einfachste lineare Funktion mit $x_1 = 1$ als Nullstelle hat die
Gleichung $f(x) = x - 1$. Die allgemeinste lineare Funktion mit der Nullstelle x_1 ist dann

$$f_1(x) = a(x - x_1) \quad \text{mit} \quad a \neq 0.$$

Die einfachste quadratische Funktion mit den Nullstellen 1 und -3 ist

$$g(x) = (x - 1)(x + 3) = x^2 + 2x - 3$$

Jede quadratische Funktion mit den Nullstellen $x_1 = 1$ und $x_2 = -3$ läßt sich also darstellen in der Form

$$f_2(x) = a(x - x_1)(x - x_2) = a(x - 1)(x + 3) \quad \text{mit} \quad a \neq 0$$

Satz 3:   Jede ganzrationale Funktion der Form

(*) $f(x) = a(x - x_1)(x - x_2) \ldots (x - x_n)$, $a \neq 0$

hat die n Nullstellen $x_1, x_2, \ldots x_n$.

Die Darstellung (*) heißt "<u>Zerlegung von f(x) in Linearfaktoren</u>".

Beispiel 3: $f(x) = x^3 - 8$ hat die Nullstelle $x_1 = 2$, also läßt sich der
Linearfaktor $(x - 2)$ abspalten, z.B. mit Polynomdivision:

```
x³ - 8      : x - 2 = x² + 2x + 4
x³ - 2x²
     2x² - 8
     2x² - 4x
           4x - 8
           4x - 8
                0
```

$x^3 - 8 = (x - 2)(x^2 + 2x + 4)$

Der zweite Faktor $x^2 + 2x + 4$ hat keine reellen Nullstellen; $x_1 = 2$ ist <u>einzige Nullstelle</u> von $f(x) = x^3 - 8$.

Elementare Funktionen

<u>Satz 4:</u> Jede Nullstelle x_1 einer ganzrationalen Funktion vom Grad n ermöglicht die <u>Abspaltung des Linearfaktors</u> $(x - x_1)$, der zweite Faktor hat den Grad $(n - 1)$:

$$f_n(x) = (x - x_1) \cdot f_{n-1}(x)$$

Die Abspaltung gelingt durch <u>Polynomdivision</u>.

<u>Beispiel 4:</u> $f(x) = x^3 - 3x + 2$ hat die Nullstelle $x_1 = 1$

Polynomdivision: $x^3 - 3x + 2 \quad : \quad x - 1 \; = \; x^2 + x - 2$
$$\underline{x^3 - x^2}$$
$$x^2 - 3x + 2$$
$$\underline{x^2 - x}$$
$$-2x + 2$$
$$\underline{-2x + 2}$$
$$0$$

Der zweite Faktor $x^2 + x - 2$ hat die Nullstellen 1 und -2. Insgesamt ergibt sich damit die Produktdarstellung:

$$x^3 - 3x + 2 = (x - 1)(x^2 + x - 2) = (x - 1)(x - 1)(x + 2) = (x - 1)^2(x + 2)$$

Der Linearfaktor $(x - 1)$ tritt doppelt auf, $(x + 2)$ nur einfach. Man sagt deshalb:

$x_{1,2} = 1$ ist <u>doppelte Nullstelle</u> der Funktion $f(x)$

$x_3 = -2$ ist <u>einfache Nullstelle</u> der Funktion $f(x)$

<u>Geometrische Bedeutung</u>: An einer Doppel-Nullstelle berührt die zugehörige Kurve die x-Achse (z.B. $y = x^2$ an der Stelle $x = 0$).

<u>Bezeichnung:</u>

x_1 heißt <u>mehrfache Nullstelle</u> der ganzrationalen Funktion $f(x)$, wenn sich der Faktor $(x - x_1)$ mehrfach abspalten läßt

doppelte Nullstelle $\Longleftrightarrow$ Faktor $(x - x_1)^2$

dreifache Nullstelle $\Longleftrightarrow$ Faktor $(x - x_1)^3$

. . . .

p - fache Nullstelle $\Longleftrightarrow$ Faktor $(x - x_1)^p$

$(p = 1, 2, 3, \dots)$

<u>Folgerungen aus Satz 1 - Satz 4:</u>

<u>Satz 5.a:</u> Die Anzahl der Nullstellen einer ganzrationalen Funktion ist nie größer als ihr Grad.

  <u>5.b:</u> Jede ganzrationale Funktion von ungeradem Grad hat stets mindestens eine Nullstelle.

30 Elementare Funktionen

4. Gebrochenrationale Funktionen

4.1. Grundbegriffe

Def.: Unter einer gebrochenrationalen Funktion versteht man den Quotienten aus zwei ganzrationalen Funktionen

$$R(x) = \frac{Z_n(x)}{N_m(x)} = \frac{a_n x^n + a_{n-1} x^{n-1} + \ldots + a_1 x + a_0}{b_m x^m + b_{m-1} x^{m-1} + \ldots + b_1 x + b_0}$$

$Z_n(x)$ ... Zählerpolynom vom Grad n

$N_m(x)$ ... Nennerpolynom vom Grad m

Satz 1: $R(x)$ ist definiert und stetig überall mit Ausnahme der Nullstellen des Nennerpolynoms $N_m(x)$; die Anzahl dieser Definitionslücken ist höchstens m .

Sonderfälle und Bezeichnungen:

m = 0 : Nenner $N_0(x) = b_0 = $ const ; $R(x)$ ist eine ganzrationale Funktion

$n \geq m$: Zählergrad $\geq$ Nennergrad , unecht gebrochenrationale F.

$n < m$: Zählergrad $<$ Nennergrad, echt gebrochenrationale F.

Satz 2: Jede unecht gebrochenrationale Funktion ($n \geq m$) läßt sich darstellen als Summe einer ganzrationalen Funktion vom Grad ($n - m$) und einer echt gebrochenrationalen Funktion ($\rightarrow$ Polynomdivision).

Beispiel 1:

a) $\dfrac{x^3 - 3x + 5}{x - 2} = x^2 + 2x + 1 + \dfrac{7}{x - 2}$

b) $\dfrac{3x^2 + 4x + 9}{x^2 + 5} = 3 + \dfrac{4x - 6}{x^2 + 5}$

Satz 3: $R(x)$ hat genau dort Nullstellen, wo der Zähler Null und der Nenner nicht Null ist :

$$R(x_0) = \frac{Z(x_0)}{N(x_0)} = 0 \iff Z(x_0) = 0 \text{ und } N(x_0) \neq 0$$

Beispiel 2:

$$R(x) = \frac{x^2 - x}{x + 2} = \frac{x(x - 1)}{x + 2}$$ Nullstellen $x_1 = 0$, $x_2 = 1$

Elementare Funktionen 31

4.2. Verhalten in der Nähe der Definitionslücken

1. Fall: $N(x_o) = 0$, $Z(x_o) \neq 0$

Beispiel 3: $R(x) = \dfrac{2x - 5}{x - 3}$ $x_o = 3$ einfache Nenner-Nullstelle

$R(x) \to +\infty$ für $x \to 3 + 0$ (rechts von $x_o = 3$: $Z > 0$, $N > 0 \Rightarrow R(x) > 0$)

$R(x) \to -\infty$ für $x \to 3 - 0$ (unmittelbar links von $x_o = 3$: $Z > 0$, $N < 0 \Rightarrow R(x) < 0$)

Beim Überschreiten der Stelle $x_o = 3$ ändert sich das Vorzeichen der Funktionswerte: $R(x)$ besitzt bei $x_o = 3$ einen <u>Pol mit Zeichenwechsel</u>. Die Kurve nähert sich immer mehr der Geraden $x = 3$: die Gerade $x = 3$ ist <u>senkrechte Asymptote</u>.

Für die Skizze benötigt man noch das Verhalten für $|x| \to \infty$:

$R(x) = \dfrac{2x - 5}{x - 3} = 2 + \dfrac{1}{x - 3} \to 2$ für $x \to \pm\infty$

Für große Werte von $|x|$ unterscheidet sich $R(x)$ immer weniger von 2 : $y = 2$ ist <u>waagrechte Asymptote</u> der Kurve. Die Annäherung erfolgt nach rechts von oben und nach links von unten, wegen $\dfrac{1}{x-3} > 0$ für $x > 3$ und $\dfrac{1}{x-3} < 0$ für $x < 3$.

Beispiel 4: $R(x) = \dfrac{1}{(x+1)^2}$ $x_o = -1$ doppelte Nenner-Nullstelle

$R(x) \to +\infty$ für $x \to -1 \pm 0$ (unabhängig davon, ob Annäherung von rechts oder von links)

Beim Überschreiten der Stelle $x_o = -1$ tritt keine Änderung des Vorzeichens auf: $R(x)$ hat bei $x_o = -1$ einen <u>Pol ohne Zeichenwechsel</u>. Die Kurve besitzt die <u>senkrechte Asymptote</u> $x = -1$.

$R(x) \to 0$ für $x \to \pm\infty$: $y = 0$ ist <u>waagrechte Asymptote</u> der Kurve.

<u>Bilder zu Bsp. 3 und Bsp. 4:</u>

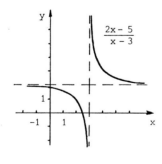
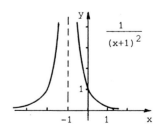

32 Elementare Funktionen

Satz 4: Ist x_o eine p-fache Nullstelle des Nennerpolynoms und keine Nullstelle des Zählerpolynoms, so besitzt R(x) bei x_o eine Unendlichkeitsstelle oder einen <u>Pol</u>; $x = x_o$ ist <u>senkrechte Asymptote der Kurve.</u>

   p gerade $\Longleftrightarrow$ Pol ohne Zeichenwechsel

   p ungerade $\Longleftrightarrow$ Pol mit Zeichenwechsel

<u>2. Fall: $N(x_o) = Z(x_o) = O$</u>

<u>Beispiel 5:</u>

a) $f_1(x) = \dfrac{x^2 - x}{x - 1}$ definiert für alle reellen $x \neq 1$

$x_o = 1$ ist Nullstelle von Nenner und Zähler; für $x \neq 1$ kann man also den Faktor $(x - 1)$ kürzen

$$f_1(x) = \frac{x^2 - x}{x - 1} = \frac{x(x-1)}{x-1} = x \ , \quad x \neq 1$$

Das Schaubild von $f_1(x)$ ist die Gerade $y = x$ ohne den Punkt $(1/1)$. Nimmt man diesen Punkt hinzu, so erhält man die <u>stetige Fortsetzung</u> der Funktion $f_1(x)$:

$$\tilde{f}_1(x) = \left\{ \begin{array}{ll} f_1(x) & \text{für} \quad x \neq 1 \\ 1 & \text{für} \quad x = 1 \end{array} \right\} = x \ , \quad x \in \mathbb{R}$$

Man nennt $x_o = 1$ eine <u>stetig behebbare Definitionslücke</u> der Funktion $f_1(x)$.

b) $f_2(x) = \dfrac{x - 1}{2x^2 - 4x + 2}$ definiert für alle reellen $x \neq 1$

$$f_2(x) = \frac{x-1}{2(x-1)^2} = \frac{1}{2(x-1)} \ , \quad x \neq 1$$

Die Definitionslücke $x_o = 1$ ist auch durch Kürzen nicht zu beheben. In der gekürzten Form ist x_o immer noch Nullstelle des Nenners, aber nicht mehr Nullstelle des Zählers: $f_2(x)$ hat an der Stelle $x_o = 1$ einen <u>Pol mit Zeichen-</u><u>wechsel</u>.

Satz 5: Ist x_o Nullstelle des Nennerpolynoms und des Zählerpolynoms einer gebrochenrationalen Funktion R(x), so sind zwei Fälle möglich:

   a) R(x) kann (durch Kürzen) bei x_o stetig ergänzt werden;

   b) R(x) besitzt bei x_o einen Pol.

4.3. Verhalten für $|x| \to \infty$

Das Verhalten von Zählerpolynom $Z_n(x)$ und Nennerpolynom $N_m(x)$ für große Werte von $|x|$ wird bestimmt durch die Glieder der jeweils höchsten Potenz $a_n x^n$ und $b_m x^m$; das Verhalten der gebrochenrationalen Funktion $R(x)$ hängt also nur ab von dem Ausdruck $(a_n/b_m)\, x^{n-m}$.

Beispiel 6:

a) $f_1(x) = \dfrac{2x+3}{x^3+2x} \sim \dfrac{2}{x^2} \to 0$ für $x \to \pm\infty$; waagrechte Asymptote $y = 0$

b) $f_2(x) = \dfrac{2x-5}{x-3} \to 2$ für $x \to \pm\infty$; waagrechte Asymptote $y = 2$

c) $f_3(x) = \dfrac{x^2+1}{x-1} \sim x \begin{cases} \to +\infty & \text{für } x \to +\infty \\ \to -\infty & \text{für } x \to -\infty \end{cases}$

Genauere Untersuchung mit Polynomdivision:

$$f_3(x) = \frac{x^2+1}{x-1} = x+1+\frac{2}{x-1}$$

Wegen $\dfrac{2}{x-1} \to 0$ für $x \to \pm\infty$ nähert sich die Kurve immer mehr der Geraden $y = x+1$: die Gerade $y = x+1$ ist <u>schiefe Asymptote der Kurve</u>.

d) $f_4(x) = \dfrac{x^3}{6x-12} \sim \dfrac{1}{6}x^2 \to +\infty$ für $x \to \pm\infty$

$$f_4(x) = \frac{x^3}{6x-12} = \frac{1}{6}(x^2+2x+4) + \frac{4}{3(x-2)}$$

Die Kurve nähert sich für große $|x|$ der Parabel $y = \dfrac{1}{6}(x^2+2x+4)$.

<u>Satz 6:</u> Für $x \to \pm\infty$ gilt:

    a) $n < m \iff R(x) \to 0$, waagrechte Asymptote $y = 0$

    b) $n = m \iff R(x) \to \dfrac{a_n}{b_n}$, waagrechte Asymptote $y = \dfrac{a_n}{b_n}$

    c) $n > m \iff R(x) \to (\pm)\,\infty$ (Vorzeichen extra überlegen !)
        Näherungskurve ist das Bild einer ganzrationalen Funktion vom Grad $n-m$.

<u>Sonderfall:</u>

    $n = m+1 \iff$ es gibt eine <u>schiefe Asymptote</u>

34 Elementare Funktionen

5. Exponential- und Logarithmusfunktionen

5.1. Allgemeine Exponential- und Logarithmusfunktion

Def. 1: Als <u>allgemeine Exponentialfunktion</u> mit der Basis a
bezeichnet man die Funktion

$$y = a^x \quad \text{mit} \quad \underline{a > 0, \; a \neq 1}$$

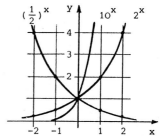

z.B.

x	-2	-1	0	1	2
2^x	0,25	0,5	1	2	4
$(\frac{1}{2})^x$	4	2	1	0,5	0,25
10^x	0,01	0,1	1	10	100

Eigenschaften der Funktionen $y = a^x$:

1.) $D = \mathbb{R}$, $W = (0, \infty)$; keine Nullstelle !

2.) streng monoton: $a > 1$ wachsend, $0 < a < 1$ fallend
x-Achse ist Asymptote

3.) Linkskurve

4.) Kurvenpunkt $(0 / 1)$

Die Kurven von a^x und $(\frac{1}{a})^x = a^{-x}$ sind zueinander symmetrisch bezüglich der y-Achse.

Def. 2: Die Umkehrfunktion der Exponentialfunktion mit Basis a
heißt <u>Logarithmusfunktion zur Basis a</u>

$$y = \log_a x \iff x = a^y \qquad a > 0, \; a \neq 1$$

Das Schaubild der Logarithmusfunktion $y = \log_a x$ entsteht aus dem der Exponentialfunktion $y = a^x$ durch Spiegelung an der 1. Winkelhalbierenden. Für Anwendungen wichtig sind nur Basen $a > 1$.

Eigenschaften der Funktionen $y = \log_a x$ mit $a > 1$:

1.) $D = (0, \infty)$, $W = \mathbb{R}$

2.) streng monoton wachsend $\quad \begin{cases} \log_a x \to -\infty & \text{für } x \to +0 \\ \log_a x \to \infty & \text{für } x \to \infty \end{cases}$

3.) Rechtskurve

4.) Kurvenpunkt $(1 / 0)$

Elementare Funktionen

5.2. Exponential- und Logarithmusfunktion zur Basis e

Für die Anwendungen weitaus am wichtigsten sind die Funktionen mit der Basis e.

<u>Def. 3:</u> $e = \lim\limits_{n \to \infty} (1 + \frac{1}{n})^n = 2{,}7182818$ ... <u>Eulersche Zahl</u>

$y = \log_e x = \ln x$ ... <u>natürlicher Logarithmus</u>

$y = e^x$ ... Exponentialfunktion, <u>e - Funktion</u>

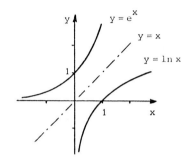

$e^x \to 0$ für $x \to -\infty$

$e^x \to \infty$ für $x \to \infty$

durch (0 / 1) mit Steigung 1

$\ln x \to -\infty$ für $x \to +0$

$\ln x \to \infty$ für $x \to \infty$

durch (1 / 0) mit Steigung 1

<u>Rechenregeln:</u>

$y = \ln x \iff x = e^y$ (nach Definition)

$\left.\begin{array}{l} \ln (uv) = \ln u + \ln v \\ \ln (\frac{u}{v}) = \ln u - \ln v \\ \ln (u^\alpha) = \alpha \ln u \end{array}\right\}$ $u > 0,\ v > 0;\ \alpha \in \mathbb{R}$

5.3. Beispiele und Anwendungen

<u>Beispiel 1:</u> Skizzieren Sie das Schaubild der Funktion $y = f(x) = \ln(x^2 - 1)$

Definitionsbereich: $x^2 - 1 > 0 \iff |x| > 1$

gerade Funktion, symm. zur y-Achse

Nullstellen: $x^2 - 1 = 1 \Rightarrow x_N = \pm\sqrt{2}$

$x \to 1+0:\ x^2 - 1 \to 0+ \Rightarrow \ln(x^2-1) \to -\infty$

$x \to \infty :\ x^2 - 1 \to \infty \Rightarrow \ln(x^2-1) \to \infty$

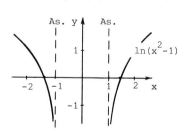

<u>Übung:</u> Untersuchen Sie entsprechend die Funktion $y = g(x) = \ln(1 - x^2)$

Beispiel 2: Durch jeden Punkt der oberen Halbebene (Ausnahme: y-Achse und Gerade y = 1) verläuft genau eine Exponentialkurve mit der Gleichung $y = a^x$.

z.B. Gesucht ist die Basis a der Exponentialfunktion, deren Kurve durch den Punkt P(2 / 0,09) geht.

Lösung: Bedingung $a^2 = 0,09 \iff a = 0,3 \implies \underline{y = 0,3^x}$

Beispiel 3: Gegeben ist die Funktion $y = f(x) = e^x - 1$. Bestimmen Sie die Umkehrfunktion $y = f^{-1}(x)$. Zeichnen Sie die Schaubilder.

$y = e^x - 1$ ist streng monoton, also existiert die Umkehrfunktion

auflösen nach x: $y + 1 = e^x \iff x = f^{-1}(y) = \ln(y + 1)$

vertauschen von x und y: $\underline{y = f^{-1}(x) = \ln(x + 1)}$

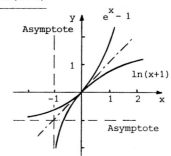

Die Schaubilder erhält man leicht aus den Kurven von e^x und $\ln x$ durch Verschiebung um 1 nach unten, bzw. nach links. Die beiden Kurven berühren sich in O.

Beispiel 4: Exponentialfunktionen spielen eine große Rolle bei <u>Wachstumsprozessen</u>. Das stetige Anwachsen einer Population wird beschrieben durch die Gleichung

$N = N_o \cdot e^{pt}$
  $\begin{cases} p & \ldots \text{ jährlicher Wachstumskoeffizient} \\ t & \ldots \text{ Zeit in Jahren} \\ N_o & \ldots \text{ Anzahl zur Zeit } t = 0 \end{cases}$

z.B. 1980 leben 4,1 Milliarden Menschen auf der Erde. Wann wird sich die Menschheit verdoppelt haben bei einem jährlichen Wachstum um p = 1,7% ?

Lösung: Ausgangszustand 1980: $t = 0$, $N_o = 4,1 \cdot 10^9$

t muß so bestimmt werden, daß gilt: $N(t) = 2 N_o$

$2 N_o = N_o \cdot e^{pt} \iff e^{pt} = 2 \iff t = \dfrac{\ln 2}{p} = \dfrac{\ln 2}{0,017} = 40,77$

$\implies$ Verdoppelung etwa im Jahr $1980 + 41 = \underline{2021}$; unabhängig von N_o, nur abhängig von p !

Elementare Funktionen

6. Weitere einfache Funktionen

6.1. Potenzfunktionen mit ganzzahligen Hochzahlen

Def.: Die Funktionen

$$y = f_k(x) = x^k \quad \text{mit} \quad k \in \mathbb{Z}$$

heißen <u>Potenzfunktionen mit ganzzahligen Hochzahlen</u>.

Die wesentlichen Eigenschaften dieser Funktionen sind in der folgenden Tabelle zusammengestellt; dabei werden die Fälle $k = n$ und $k = -n$ ($n \in \mathbb{N}$) unterschieden. *)

	$y = x^n$		$y = x^{-n}$	
	n gerade	n ungerade	n gerade	n ungerade
Def.bereich	$\mathbb{R}$	$\mathbb{R}$	$\mathbb{R} \setminus \{0\}$	$\mathbb{R} \setminus \{0\}$
Wertebereich	$[0, \infty)$	$\mathbb{R}$	$(0, \infty)$	$\mathbb{R} \setminus \{0\}$
Symmetrie	zur y-Achse	zum Ursprung	zur y-Achse	zum Ursprung
Monotonie	↘ in $(-\infty, 0]$ ↗ in $[0, \infty)$	↗ in $\mathbb{R}$	↗ in $(-\infty, 0)$ ↘ in $(0, \infty)$	↘ in $(-\infty, 0)$ ↘ in $(0, \infty)$
gemeinsame Punkte	(1/1); (0/0) (-1/1)	(1/1); (0/0) (-1/-1)	(1/1) (-1/1)	(1/1) (-1/-1)
Asymptoten	-	-	x-Achse y-Achse (Pol ohne ZW)	x-Achse y-Achse (Pol mit ZW)

*) Für $k = 0$ ergibt sich wegen $y = x^0 = 1$ für $x \neq 0$ als Sonderfall eine Parallele zur x-Achse, die durch Hinzunahme des Punktes (0/1) stetig ergänzt werden kann.

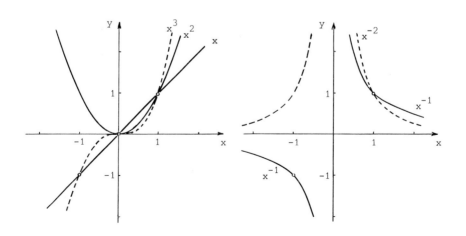

38 Elementare Funktionen

6.2. Wurzelfunktionen

Def.: Die Funktionen

$$y = \sqrt[n]{x} = x^{1/n} \quad , \quad n \in \{2, 3, 4, \ldots\}$$

mit $D = \{x \mid x \geq 0\}$, $W = \{y \mid y \geq 0\}$

heißen **Wurzelfunktionen**.

Wurzelfunktionen sind Umkehrfunktionen der Potenzfunktionen $y = x^n$, $n \in \{2, 3, \ldots\}$ für $x \geq 0$.

Beispiel 1:

a) $y = \sqrt{x}$, $x \geq 0$

oberer Zweig einer Parabel mit horizontaler Achse

b) $y^2 = x \iff y = \pm\sqrt{x}$, $x \geq 0$

die Schaubilder der beiden Funktionen $y = \sqrt{x}$ und $y = -\sqrt{x}$ sind symmetrisch bezüglich der x-Achse; sie bilden zusammen eine Parabel.

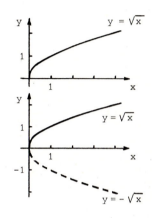

Beispiel 2:

a) $y = \sqrt[3]{x}$, $x \geq 0$

b) $y^3 = x \iff \begin{cases} y = \sqrt[3]{x}, & x \geq 0 \\ y = -\sqrt[3]{|x|}, & x < 0 \end{cases}$

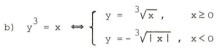

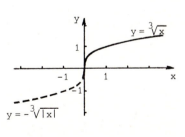

die Kurven $y = \sqrt[3]{x}$ und $y = -\sqrt[3]{|x|}$ sind punktsymmetrisch zueinander bezüglich O.

Bemerkung: Manche Autoren definieren **Wurzelfunktionen mit ungeraden Wurzelexponenten** n für $x \in \mathbb{R}$
z.B. $y = \sqrt[3]{x}$ definiert für alle reellen x als Umkehrfunktion von $y = x^3$.
Wir bevorzugen hier die Definition der Wurzelfunktionen mit der **Einschränkung** **x ≥ 0 auch für ungerades n** aus folgenden Gründen:
1. Setzt man $\sqrt[3]{x} = x^{1/3}$ und wendet gedankenlos die Potenzgesetze an, so können für negative x-Werte Probleme auftreten; **Trugschlüsse** folgender Art sind dann möglich

Elementare Funktionen 39

$$-2 = \sqrt[3]{-8} = (-8)^{1/3} = (-8)^{2/6} = \sqrt[6]{(-8)^2} = \sqrt[6]{64} = \sqrt[6]{8^2} = \sqrt[3]{8} = 2$$

2. Versucht man etwa $\sqrt[3]{-8} = (-8)^{1/3}$ auf einem <u>Taschenrechner</u> mit Hilfe der allgemeinen Wurzelfunktion $\boxed{\sqrt[x]{y}}$ oder der allgemeinen Potenzfunktion $\boxed{y^x}$ zu berechnen, so erfolgt (bei manchen Taschenrechnern) eine Fehleranzeige; bei beiden Funktionen sind negative Werte nicht zugelassen.

<u>Zusatz:</u> Neuere Taschenrechner akzeptieren bei ungeraden Wurzelexponenten auch negative Radikanden!

<u>Beispiel 3:</u>

a) $y = \sqrt{x+2}$ $\quad \begin{cases} D = [-2, \infty) \\ W = [0, \infty) \end{cases}$

b) $y = -\sqrt{5-x}$ $\quad \begin{cases} D = (-\infty, 5] \\ W = (-\infty, 0] \end{cases}$

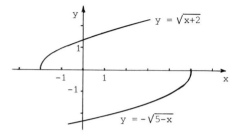

6.3. Potenzfunktionen mit positiven rationalen Hochzahlen

<u>Def.:</u> Die Funktionen

$$y = x^r \quad \text{mit} \quad r = \frac{p}{q}, \; p \in \mathbb{N}, \; q \in \mathbb{N}; \; x \geq 0$$

heißen <u>Potenzfunktionen mit positiven rationalen Hochzahlen</u>

Diese Funktionen stellen im Definitionsbereich $x \geq 0$ eine Erweiterung der in 6.1 und 6.2 behandelten Funktionen dar.

<u>Eigenschaften:</u>

$D = W = [0, \infty)$

streng monoton steigend

durch (0/0) und (1/1)

<u>$0 < r < 1$:</u>

senkrechte Tangente in (0/0)

Rechtskurve

<u>$r > 1$:</u>

waagrechte Tangente in (0/0)

Linkskurve

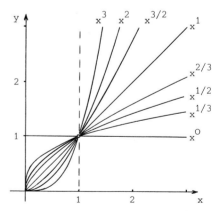

$y = x^{p/q}$ ist <u>Umkehrfunktion</u> von $y = x^{q/p}$; ihre Schaubilder gehen durch Spiegelung an der 1. Winkelhalbierenden ineinander über.

6.4. Betragsfunktionen

Def.: Die Funktion

$$y = |x| = \begin{cases} x & \text{für } x \geq 0 \\ -x & \text{für } x < 0 \end{cases}$$

heißt **Betragsfunktion**.

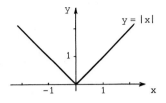

Beispiel 1: $\underline{y = |x + 2|}$

betragsfreie Darstellung: $y = \begin{cases} x + 2 & \text{für } (x+2) \geq 0, \text{ d.h. für } x \geq -2 \\ -x - 2 & \text{für } (x+2) < 0, \text{ d.h. für } x < -2 \end{cases}$

Das Schaubild von $y = |x+2|$ erhält man am einfachsten durch Verschieben des Bildes von $y = |x|$ um 2 nach links.

Beispiel 2: $\underline{y = |x^2 - 4|}$

Zur betragsfreien Darstellung sind die Ungleichungen $x^2 - 4 \geq 0$ und $x^2 - 4 < 0$ zu lösen:

$x^2 - 4 \geq 0 \iff x^2 \geq 4 \iff x \leq -2$ oder $x \geq 2$

$x^2 - 4 < 0 \iff x^2 < 4 \iff -2 < x < 2$

$\Rightarrow y = |x^2 - 4| = \begin{cases} x^2 - 4 & \text{für } x \leq -2 \text{ oder } x \geq 2 \\ -x^2 + 4 & \text{für } -2 < x < 2 \end{cases}$

Schaubilder zu Bsp. 1 und Bsp. 2:

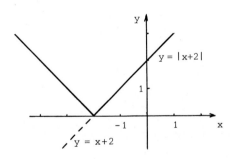
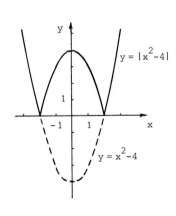

Folgerung: Das Schaubild der Funktion $y = |f(x)|$ erhält man aus dem der Funktion $y = f(x)$, indem man alle Kurventeile in der oberen Halbebene und auf der x-Achse (d.h. $y \geq 0$) beibehält und die Kurventeile unterhalb der x-Achse (d.h. $y < 0$) an der x-Achse spiegelt.

Elementare Funktionen

7. Verschiebung von Kurven

Verschiebung in y-Richtung

Das Schaubild der Funktion $y = f(x) + y_0$ entsteht aus dem Schaubild der Funktion $y = f(x)$ durch Verschiebung um y_0 Einheiten in Richtung der y-Achse.

$y_0 > 0$: nach oben
$y_0 < 0$: nach unten

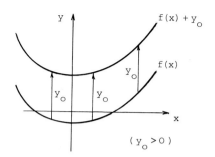

Verschiebung in x-Richtung

Das Schaubild der Funktion $y = f(x - x_0)$ entsteht aus dem Schaubild der Funktion $y = f(x)$ durch Verschiebung um x_0 Einheiten in Richtung der x-Achse.

$x_0 > 0$: nach rechts
$x_0 < 0$: nach links

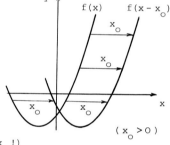

(Vorsicht: In der Argumentklammer steht $x - x_0$!)

Allgemeiner Verschiebungssatz

Ersetzt man in einer Kurvengleichung x durch $(x - x_0)$ und y durch $(y - y_0)$, so wird die Kurve um x_0 in x-Richtung und um y_0 in y-Richtung verschoben.

Beispiele:

a) $x^2 + y^2 = r^2$ ... Kreis um 0 mit Radius r
$\Rightarrow (x - x_0)^2 + (y - y_0)^2 = r^2$ ... Kreis um $M(x_0/y_0)$ mit Radius r

b) $y = ax^2$ ... Parabel mit Scheitel $S = 0$
$\Rightarrow y - y_0 = a(x - x_0)^2$ ... Parabel mit Scheitel $S(x_0/y_0)$

Übung: Skizzieren Sie die Schaubilder der folgenden Funktionen, indem Sie jeweils das Schaubild von $f_1(x)$ geeignet verschieben.

a) $f_1(x) = x^2$, $f_2(x) = x^2 + 2$, $f_3(x) = (x-1)^2$, $f_4(x) = (x-1)^2 + 2$

b) $f_1(x) = |x|$, $f_2(x) = |x| + 1$, $f_3(x) = |x+1|$, $f_4(x) = |x-2| - 3$

III. TRIGONOMETRIE

1. Bogenmaß

Ein Winkel α kann entweder im Gradmaß oder im Bogenmaß gemessen werden. Das <u>Bogenmaß x des Winkels α</u> ist das Verhältnis der Bogenlänge zum Radius am Kreisausschnitt mit Mittelpunktswinkel α:

$$x = \frac{b_1}{r_1} = \frac{b_2}{r_2} = \frac{b}{r}$$

x ist eine dimensionslose Größe, unabhängig vom Kreisradius r. Einer vollen Umdrehung α = 360° entspricht das Bogenmaß x = 2π.

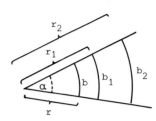

<u>Bezeichnung:</u> Werden Gradmaß und Bogenmaß nebeneinander benutzt, so bezeichnen wir den Winkel in Gradeinheiten mit α und in Bogeneinheiten mit x.

Aus der Beziehung $\frac{\alpha}{360°} = \frac{x}{2\pi}$ folgt die <u>Umrechnungsformel</u>

$$\alpha = \frac{180°}{\pi} x \quad \text{bzw.} \quad x = \frac{\pi}{180°} \alpha$$

<u>Beispiel 1.a:</u>   Gradmaß → Bogenmaß   <u>1.b:</u>   Bogenmaß → Gradmaß

α	90°	45°	110°	27,5°
x	$\frac{\pi}{2}$	$\frac{\pi}{4}$	$\frac{11}{18}\pi$	0,48

x	$\frac{\pi}{3}$	1	2,5
α	60°	57,3°	143,24°

<u>Anwendung:</u>   Fläche des Kreissektors mit Mittelpunktswinkel x

Kreis: Umfang $U_K = 2\pi r$
         Fläche $A_K = \pi r^2$

Sektor: Bogen $b = r\,x$ (s. Def.)
         Fläche $A_S = ?$

Aus $A_K : A_S = U_K : b$ folgt damit für die <u>Sektorfläche</u>

$$A_S = \frac{A_K}{U_K} b = \frac{1}{2} r\,b = \frac{1}{2} r^2 x$$

2. Winkelfunktionen am rechtwinkligen Dreieck

Am rechtwinkligen Dreieck definiert man

$$\sin \alpha = \frac{a}{c} = \frac{\text{Gegenkathete}}{\text{Hypotenuse}}$$

$$\cos \alpha = \frac{b}{c} = \frac{\text{Ankathete}}{\text{Hypotenuse}}$$

$$\tan \alpha = \frac{\sin \alpha}{\cos \alpha} = \frac{a}{b} = \frac{\text{Gegenkathete}}{\text{Ankathete}}$$

$$\cot \alpha = \frac{\cos \alpha}{\sin \alpha} = \frac{b}{a} = \frac{1}{\tan \alpha}$$

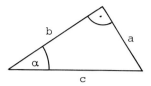

Beispiel 2: Berechnen Sie den Flächeninhalt eines Dreiecks aus den Seiten a, b und dem eingeschlossenen Winkel γ.

Lösung: $\left. \begin{array}{l} A = \frac{1}{2} a h_a \\ h_a = b \sin \gamma \end{array} \right\} \Rightarrow A = \frac{1}{2} ab \sin \gamma$

3. Sinussatz und Cosinussatz - Dreiecksberechnung

Betrachtet wird ein beliebiges Dreieck $\triangle ABC$; Seiten und Winkel werden gemäß Skizze bezeichnet.

Zur Dreiecksberechnung dienen folgende Sätze:

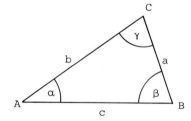

Winkelsumme: $\alpha + \beta + \gamma = 180°$

Sinussatz: $\quad \dfrac{a}{b} = \dfrac{\sin \alpha}{\sin \beta}, \quad \dfrac{b}{c} = \dfrac{\sin \beta}{\sin \gamma}, \quad \dfrac{a}{c} = \dfrac{\sin \alpha}{\sin \gamma}$

oder $\quad a : b : c = \sin \alpha : \sin \beta : \sin \gamma$

Cosinussatz: $\quad a^2 = b^2 + c^2 - 2bc \cos \alpha$
$\qquad\qquad\quad b^2 = a^2 + c^2 - 2ac \cos \beta$
$\qquad\qquad\quad c^2 = a^2 + b^2 - 2ab \cos \gamma$

Im rechtwinkligen Dreieck geht der Cosinussatz über in den Satz von Pythagoras

Die Sätze gelten für beliebige, spitzwinklige oder stumpfwinklige Dreiecke. Sie bilden die Grundlage der <u>allgemeinen Dreiecksberechnung</u>; die entsprechenden Formeln sind für die <u>vier Grundaufgaben</u> auf der folgenden Seite zusammengestellt.

ALLGEMEINE DREIECKSBERECHNUNG

![Dreieck mit Seiten a, b, c und Winkeln α, β, γ]

1. SSS

Gegeben: 3 Seiten a, b, c
gesucht: 3 Winkel α, β, γ

Lösung: Cosinussatz

$$\cos\alpha = \frac{b^2+c^2-a^2}{2bc}, \quad \cos\beta = \frac{a^2+c^2-b^2}{2ac}, \quad \cos\gamma = \frac{a^2+b^2-c^2}{2ab}$$

2. SWS

Gegeben: 2 Seiten und der eingeschlossene Winkel a, γ, b
gesucht: dritte Seite c und Winkel α, β

Lösung: Cosinussatz

$$c = \sqrt{a^2+b^2-2ab\cos\gamma}$$

$$\cos\alpha = \frac{b^2+c^2-a^2}{2bc} = \frac{b-a\cos\gamma}{c}$$

$$\cos\beta = \frac{a^2+c^2-b^2}{2ac} = \frac{a-b\cos\gamma}{c}$$

3. WSW

Gegeben: 1 Seite und die anliegenden Winkel α, c, β
gesucht: Seiten a, b und Winkel γ

Lösung: Winkelsumme, Sinussatz

$$\gamma = 180° - \alpha - \beta$$

$$a = \frac{c\sin\alpha}{\sin\gamma}, \quad b = \frac{c\sin\beta}{\sin\gamma}$$

4. SSW

Gegeben: 2 Seiten und ein gegenüberliegender Winkel a, b, α
gesucht: dritte Seite c und Winkel β, γ

Lösung: Winkelsumme, Sinussatz, Cosinussatz

Fallunterscheidung (s. Skizze)

① $\underline{a = b}$: $\beta = \alpha$
(nur möglich für $\alpha < 90°$)

② $\underline{a > b}$: $\sin\beta = \frac{b\sin\alpha}{a}$
($\beta < 90°$)

③ $\underline{a < b}$:
$a < b\sin\alpha$: keine Lösung
$a = b\sin\alpha$: eine Lösung $\beta = 90°$
$a > b\sin\alpha$: zwei Lösungen für β aus $\sin\beta = \frac{b\sin\alpha}{a}$
$\rightarrow \beta_1, \beta_2 = 180° - \beta_1$

$$\gamma = 180° - \alpha - \beta$$

$$c = \sqrt{a^2+b^2-2ab\cos\gamma}$$

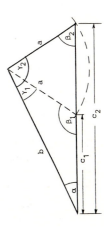

Trigonometrie 45

Beispiel 3: Bestimmen Sie die fehlenden Größen des Dreiecks $\triangle ABC$.

a) $c = 6$, $\alpha = 32°$, $\beta = 104°$; b) $a = 4$, $b = 5$, $c = 6$;

c) $a = 226$, $c = 315$, $\beta = 103°$.

Lösung: (Vgl. Schema S. 47)

a) <u>WSW</u>: $\gamma = 180° - \alpha - \beta = 44°$

$$b = \frac{\sin \beta}{\sin \gamma} c = 8{,}42 \; ; \quad a = \frac{\sin \alpha}{\sin \gamma} c = 4{,}58$$

b) <u>SSS</u>: $\cos \alpha = \dfrac{b^2 + c^2 - a^2}{2bc} = 0{,}75 \Rightarrow \alpha = 41{,}41°$

entsprechend: $\cos \beta = 0{,}5625 \Rightarrow \beta = 55{,}77°$; $\cos \gamma = 0{,}125 \Rightarrow \gamma = 82{,}82°$

c) <u>SWS</u>: $b = \sqrt{a^2 + c^2 - 2ac \cos \beta} = 427$

$\cos \alpha = \dfrac{c - a \cos \beta}{b} \Rightarrow \alpha = 31{,}04°$; $\cos \gamma = \dfrac{a - c \cos \beta}{b} \Rightarrow \gamma = 45{,}96°$

4. Winkelfunktionen am Einheitskreis

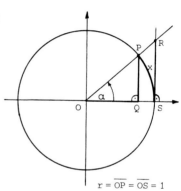

Betrachtet wird ein <u>Kreis um O mit Radius 1</u>. Der Ursprungsstrahl OP mit $\overline{OP} = 1$ bilde mit der horizontalen Achse den Winkel α; das Bogenmaß x ist dann die Länge des Bogens $\overset{\frown}{SP}$ auf dem Einheitskreis.

Den rechtwinkligen Dreiecken $\triangle OQP$ bzw. $\triangle OSR$ entnimmt man:

$\cos \alpha = \dfrac{\overline{OQ}}{\overline{OP}} = \overline{OQ}$ (= Abszisse von P)

$\sin \alpha = \dfrac{\overline{PQ}}{\overline{OP}} = \overline{PQ}$ (= Ordinate von P)

$\tan \alpha = \dfrac{\overline{SR}}{\overline{OS}} = \overline{SR}$ (= Ordinate von R)

$r = \overline{OP} = \overline{OS} = 1$

α positiv = Drehung gegen Uhrzeigersinn

<u>Bemerkung:</u> Wir verzichten auf die Darstellung von $\cot \alpha$ am Einheitskreis. Wegen $\cot x = \dfrac{1}{\tan x}$ wird $\cot x$ häufig nicht als eigenständige Funktion behandelt; Taschenrechner besitzen üblicherweise nur die trigonometrischen Funktionen SIN, COS und TAN.

Die Übertragung dieser Darstellung von $\cos \alpha$, $\sin \alpha$, $\tan \alpha$ als Koordinaten der Punkte P bzw. R vom I. Quadranten auf die Quadranten II - IV ist in folgenden Skizzen dargestellt:

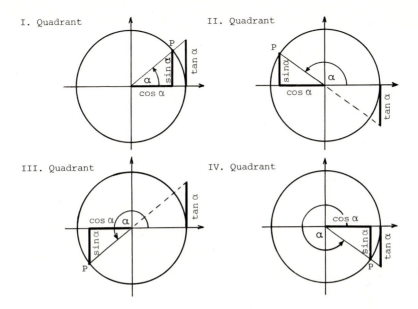

Durchläuft P alle Punkte des Einheitskreises, so erhält man die Erweiterung der trigonometrischen Funktionen, die ursprünglich nur am rechtwinkligen Dreieck mit $0° \leq \alpha \leq 90°$ definiert wurden, für beliebige Winkelargumente α bzw. $x \in \mathbb{R}$.

5. Schaubilder der trigonometrischen Funktionen

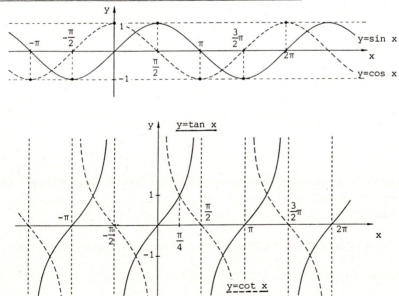

Trigonometrie 47

6. Wichtige Eigenschaften und Formeln

(1) Vorzeichen der Winkelfunktionen (s. Def. am Einheitskreis)

Quadrant	I	II	III	IV
sin x	+	+	−	−
cos x	+	−	−	+
tan x	+	−	+	−

(2) Spezielle Werte

α	0°	30°	45°	60°	90°	135°	180°
x	0	$\frac{\pi}{6}$	$\frac{\pi}{4}$	$\frac{\pi}{3}$	$\frac{\pi}{2}$	$\frac{3\pi}{4}$	π
sin x	0	$\frac{1}{2}$	$\frac{1}{2}\sqrt{2}$	$\frac{1}{2}\sqrt{3}$	1	$\frac{1}{2}\sqrt{2}$	0
cos x	1	$\frac{1}{2}\sqrt{3}$	$\frac{1}{2}\sqrt{2}$	$\frac{1}{2}$	0	$-\frac{1}{2}\sqrt{2}$	-1
tan x	0	$\frac{1}{3}\sqrt{3}$	1	$\sqrt{3}$	−	-1	−

(3) Periodizität (s. Def. am Einheitskreis)

$$\sin(\alpha + 360^{\circ}) = \sin\alpha \qquad\qquad \sin(x + 2\pi) = \sin x$$
$$\cos(\alpha + 360^{\circ}) = \cos\alpha \qquad \text{bzw.} \qquad \cos(x + 2\pi) = \cos x$$
$$\tan(\alpha + 180^{\circ}) = \tan\alpha \qquad\qquad \tan(x + \pi) = \tan x$$

⇒ sin x und cos x sind periodisch mit der Periode 2π,
tan x ist periodisch mit der Periode π.

(4) Funktionswerte negativer Winkel (s. Def. am Einheitskreis,
Drehung im Uhrzeigersinn)

$$\sin(-x) = -\sin x \quad \ldots \quad \text{ungerade Funktion}$$
$$\cos(-x) = \cos x \quad \ldots \quad \text{gerade Funktion}$$
$$\tan(-x) = -\tan x \quad \ldots \quad \text{ungerade Funktion}$$

(5) Beziehungen zwischen den Funktionswerten des gleichen Winkels

Mit Hilfe der Grundformeln

$$\sin^2 x + \cos^2 x = 1 \, , \quad \tan x = \frac{\sin x}{\cos x} \, , \quad \tan x \cdot \cot x = 1$$

läßt sich jede trigonometrische Funktion durch eine beliebige andere darstellen.

48 Trigonometrie

Beispiel 4: a) Stellen Sie $\cos x$, $\tan x$, $\cot x$ dar mit Hilfe von $\sin x$.

b) Zahlenwerte für den Fall $\sin x = \dfrac{24}{25}$.

Lösung: a) $\sin^2 x + \cos^2 x = 1 \quad \Rightarrow \quad \cos x = \pm\sqrt{1 - \sin^2 x}$,

$$\Rightarrow \quad \tan x = \frac{\sin x}{\pm\sqrt{1 - \sin^2 x}} \quad , \quad \cot x = \frac{\pm\sqrt{1 - \sin^2 x}}{\sin x}$$

b) Zahlenwerte: $\cos x = \pm\dfrac{7}{25}$, $\tan x = \pm\dfrac{24}{7}$, $\cot x = \pm\dfrac{7}{24}$

Bemerkung: Jede mathematische Formelsammlung enthält eine ausführliche Tabelle dieser Umrechnungsformeln. Die Vorzeichen vor den Wurzeln sind dabei abhängig vom jeweiligen Quadranten, vgl. dazu die Vorzeichentabelle (1).

(6) Additionstheoreme

$$\sin(x \pm y) = \sin x \cos y \pm \cos x \sin y$$
$$\cos(x \pm y) = \cos x \cos y \mp \sin x \sin y$$

Im Sonderfall $x = y$ erhält man daraus

$$\sin 2x = 2 \sin x \cos x$$
$$\cos 2x = \cos^2 x - \sin^2 x = 1 - 2\sin^2 x = 2\cos^2 x - 1$$

(7) Verschiebungsformeln (vgl. dazu Seite 44)

$$\sin\left(x + \frac{\pi}{2}\right) = \cos x \qquad\qquad \sin(x + \pi) = -\sin x$$
$$\cos\left(x + \frac{\pi}{2}\right) = -\sin x \qquad\qquad \cos(x + \pi) = -\cos x$$

Ausführlicher findet man diese und weitere trigonometrische Formeln in jeder mathematischen Formelsammlung.

7. Umkehrung der trigonometrischen Funktionen

a) Auflösung der Gleichung $y = \sin x$ nach x

Will man zu einem vorgegebenen Wert y_0 mit $-1 \le y_0 \le 1$ den Winkel x so bestimmen, daß gilt $y_0 = \sin x$, so sieht man am Schaubild der Sinusfunktion, daß es in jedem Intervall der Länge 2π zwei Lösungen $x_{1,2}$ gibt. Alle weiteren Lösungen erhält man durch Addition von Vielfachen von 2π zu den Grundlösungen $x_{1,2}$.

Im Intervall $-\dfrac{\pi}{2} \le x \le \dfrac{\pi}{2}$ ist die Sinusfunktion streng monoton wachsend, also eindeutig umkehrbar; die zugehörige Lösung x_1 wird mit $x_1 = \arcsin y_0$ ("arcus-sinus") bezeichnet. Die zweite Lösung im Intervall $\dfrac{\pi}{2} \le x \le \dfrac{3\pi}{2}$ bekommt man wegen $\sin(\pi - x) = \sin x$ in der Form $x_2 = \pi - x_1$ (s. Skizze).

Trigonometrie 49

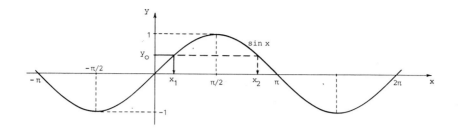

<u>Erg.</u>: Zwei Grundlösungen der Gleichung $\sin x = y_o$ sind

$$x_1 = \arcsin y_o \ ; \quad x_2 = \pi - x_1 \quad \text{mit} \quad -\frac{\pi}{2} \leq \arcsin y_o \leq \frac{\pi}{2}$$

Sämtliche Lösungen erhält man in der Form

$$x = \begin{cases} \arcsin y_o + k \cdot 2\pi \\ (\pi - \arcsin y_o) + k \cdot 2\pi \end{cases} \quad (k = 0, \pm 1, \pm 2, \ldots)$$

In den <u>Grenzfällen</u> $y_o = \pm 1$ erhält man mit diesen Formeln:

a) $y_o = 1 \Rightarrow x_1 = x_2 = \frac{\pi}{2}$

b) $y_o = -1 \Rightarrow x_1 = -\frac{\pi}{2}, \ x_2 = \frac{3\pi}{2}$ (wegen Periode 2π nur eine wesentliche Lösung)

<u>Beispiel 5.a</u>: $\sin x = 0{,}40$ 5.b: $\sin \alpha = -0{,}89$

$\Rightarrow x_1 = 0{,}41$ $\Rightarrow \alpha_1 = -62{,}87°$

$x_2 = \pi - x_1 = 2{,}73$ $\alpha_2 = 180° - (-62{,}87°) = 242{,}87°$

(+ Vielfache von 2π)   (+ Vielfache von $360°$)

b) <u>Auflösung der Gleichung $y = \cos x$ nach x</u>

$\cos x$ verläuft monoton im Intervall $0 \leq x \leq \pi$; die Umkehrung in diesem Intervall liefert zu jedem y_o mit $-1 \leq y_o \leq 1$ den Wert $x_1 = \arccos y_o$ ("arcus-cosinus"). Die zweite Grundlösung erhält man wegen $\cos(2\pi - x) = \cos x$ in der Form $x_2 = 2\pi - x_1$ (s. Skizze).

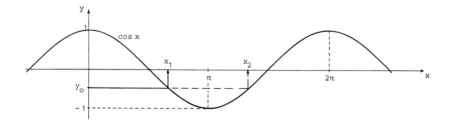

Erg.: Zwei Grundlösungen der Gleichung $\cos x = y_0$ sind

$x_1 = \arccos y_0$; $x_2 = 2\pi - x_1$ mit $0 \leq \arccos y_0 \leq \pi$

Sämtliche Lösungen erhält man in der Form

$$x = \begin{cases} \arccos y_0 + k \cdot 2\pi \\ (2\pi - \arccos y_0) + k \cdot 2\pi \end{cases} \quad (k = 0, \pm 1, \pm 2, \ldots)$$

Grenzfälle: $y_0 = 1 \Rightarrow x_1 = 0, \; x_2 = 2\pi$ (nur eine wesentliche Lösung)
$\; y_0 = -1 \Rightarrow x_1 = x_2 = -\pi$

c) **Auflösung der Gleichung $y = \tan x$ nach x**

Im Intervall $-\frac{\pi}{2} < x < \frac{\pi}{2}$ gibt es zu jedem $y_0 \in \mathbb{R}$ genau eine Lösung der Gleichung $y_0 = \tan x$; diese Lösung wird bezeichnet mit $x_1 = \arctan y_0$ ("arcustangens"). Alle weiteren Lösungen unterscheiden sich von x_1 um Vielfache von π (s. Skizze).

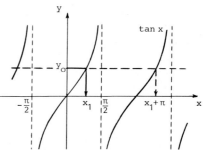

Erg.: Die Gleichung $\tan x = y_0$ mit $y_0 \in \mathbb{R}$ hat im Intervall $-\frac{\pi}{2} < x < \frac{\pi}{2}$ genau eine Lösung

$x_1 = \arctan y_0$ mit $-\frac{\pi}{2} < \arctan y_0 < \frac{\pi}{2}$

Die Gesamtheit aller Lösungen erhält man in der Form

$x = \arctan y_0 + k \cdot \pi$ $(k = 0, \pm 1, \pm 2, \ldots)$

Bemerkungen:
1. Bei der Umkehrung der trigonometrischen Funktionen liefern Taschenrechner stets die oben mit x_1 bezeichneten Werte.
2. Gleichungen der Form $\cot x = y_0$ löst man in der Form $\tan x = \frac{1}{y_0}$.

Beispiel 6.a: $\cos x = 0{,}2 \Rightarrow x_1 = 1{,}369; \; x_2 = 2\pi - x_1 = 4{,}914$ $(+ k \cdot 2\pi)$
$\;$ 6.b: $\cos \alpha = -0{,}35 \Rightarrow \alpha_1 = 110{,}49°; \; \alpha_2 = 249{,}51°$ $(+ k \cdot 360°)$

Beispiel 7.a: $\tan \alpha = -0{,}36 \Rightarrow \alpha = -19{,}80° + k \cdot 180°$
$\;$ 7.b: $\cot x = \sqrt{3} \Longleftrightarrow \tan x = \frac{1}{\sqrt{3}} \Rightarrow x = \frac{\pi}{6} + k \cdot \pi$

8. Trigonometrische Gleichungen

Trigonometrische Gleichungen sind Gleichungen zwischen verschiedenen Winkelfunktionen mit unterschiedlichen Argumenten, z.B.

$$\sin 2x + \cos x \tan x - 6 = 0$$

Zur Lösung solcher Gleichungen gibt es kein Standardverfahren; man kann aber häufig folgendermaßen vorgehen:

Lösungsweg für trigonometrische Gleichungen:

1. (A) Vereinheitlichung der Argumente
2. (B) Zurückführung auf eine Gleichung für eine einzige trigonometrische Funktion ($\sin ax$, $\cos ax$ oder $\tan ax$)
3. (C) Auflösung nach dieser Funktion
4. (D) Bestimmung des zugehörigen Winkels
5. (E) Kontrolle durch Einsetzen in die Ausgangsgleichung

Beispiel 8: $\underline{\sin x + \cos x = 1}$ (*)

Lösung: (A) bereits erfüllt

(B) Mit $\cos x = \sqrt{1 - \sin^2 x}$ folgt $\sin x + \sqrt{1 - \sin^2 x} = 1$

(C) Substitution $z = \sin x$ und Isolieren der Wurzel:

$$\sqrt{1 - z^2} = 1 - z$$

Quadrieren $\Rightarrow$ $1 - z^2 = 1 - 2z + z^2$ $\Longleftrightarrow$ $2z(1-z) = 0$ $\Longleftrightarrow$ $\begin{cases} z_1 = 0 \\ z_2 = 1 \end{cases}$

(D) $z_1 = \sin x = 0$ $\Rightarrow$ $x_1 = k \cdot \pi$

$z_2 = \sin x = 1$ $\Rightarrow$ $x_2 = \dfrac{\pi}{2} + k \cdot 2\pi$ ($k = 0, \pm 1, \pm 2, \ldots$)

(E) $x_1 = k\pi$ einsetzen in (*): $\sin(k\pi) + \cos(k\pi) = \begin{cases} 1 & \text{für } k \text{ gerade} \\ -1 & \text{für } k \text{ ungerade} \end{cases}$

d.h. die Gleichung ist nur erfüllt für k gerade

$x_2 = \dfrac{\pi}{2} + k \cdot 2\pi$ einsetzen in (*): $\sin\left(\dfrac{\pi}{2} + k \cdot 2\pi\right) + \cos\left(\dfrac{\pi}{2} + k \cdot 2\pi\right) = 1$

d.h. die Gleichung ist erfüllt für alle ganzzahligen k

Erg.: Gleichung (*) hat die Lösungen $\begin{aligned} x_1 &= 2k\pi \\ x_2 &= \dfrac{\pi}{2} + 2k\pi \end{aligned}$ ($k = 0, \pm 1, \pm 2, \ldots$)

Beispiel 9: $\underline{\cos x + \cos 2x = 0}$ (**)

Lösung: (A) Darstellung von $\cos 2x$ durch $\cos x$: $\cos 2x = 2\cos^2 x - 1$

(B) Einsetzen in (**) liefert eine Gleichung für $\cos x$

(**) $\Longleftrightarrow$ $2\cos^2 x + \cos x - 1 = 0$ quadr. Gl. für $z = \cos x$

(C) Substitution $z = \cos x$: $2z^2 + z - 1 = 0$ $\Rightarrow$ $z_1 = \dfrac{1}{2}$, $z_2 = -1$

(D) $z_1 = \cos x = \dfrac{1}{2} \quad \Rightarrow \quad x_1 = \dfrac{\pi}{3} + k \cdot 2\pi$

$\qquad\qquad\qquad\qquad$ und $\quad x_2 = \dfrac{5\pi}{3} + k \cdot 2\pi$ $\qquad$ ($k = 0, \pm 1, \pm 2, \ldots$)

$\quad z_2 = \cos x = -1 \quad \Rightarrow \quad x_3 = \pi + k \cdot 2\pi \qquad$ ($k = 0, \pm 1, \pm 2, \ldots$)

(E) Kontrolle durch Einsetzen zeigt: alle drei Werte x_1, x_2, x_3 sind Lösung der Gleichung (∗∗).

9. Allgemeine Sinusfunktion

Betrachtet werden Funktionen der Bauart

$$y = f(x) = a \sin(bx + c) \quad \text{mit} \quad a, b, c \in \mathbb{R}, \ \underline{a \neq 0, \ b > 0}$$

Die Bedeutung der Parameter a, b, c erkennt man am einfachsten, wenn man ausgehend von der Funktion $y = \sin x$ die allgemeine Sinusfunktion schrittweise aufbaut. Folgende Tabelle enthält die dabei auftretenden Veränderungen.

Funktion	Amplitude	Periode	Nullstellen
(1) $\quad y = \sin x$	1	2π	$0 + k \cdot \pi$
(2) $\quad y = a \sin x , \quad a \neq 0$	$\lvert a \rvert$	2π	$0 + k \cdot \pi$
(3) $\quad y = a \sin bx , \quad b > 0$	$\lvert a \rvert$	$\dfrac{2\pi}{b}$	$0 + k \cdot \dfrac{\pi}{b}$
(4) $\quad y = a \sin(bx + c)$ $\quad = a \sin[b(x + \tfrac{c}{b})]$	$\lvert a \rvert$	$\dfrac{2\pi}{b}$	$-\dfrac{c}{b} + k \cdot \dfrac{\pi}{b}$

($k = 0, \pm 1, \pm 2, \ldots$)

Übung: Skizzieren Sie die Schaubilder der Funktionen $f_1(x) = \sin x$, $f_2(x) = 2 \sin x$, $f_3(x) = -\dfrac{3}{2} \sin x$, $f_4(x) = \sin 2x$, $f_5(x) = \sin \dfrac{2}{3} x$. Veranschaulichen Sie sich damit die Aussagen in Zeile (2) und (3) der Tabelle !

a bewirkt eine Streckung der Sinuskurve in y-Richtung mit dem Faktor a. Die Funktion $f(x) = a \sin x$ hat als Maximum bzw. Minimum die Werte $\pm \lvert a \rvert$; $\underline{A = \lvert a \rvert}$ heißt $\underline{\text{Amplitude}}$.

b bewirkt eine Streckung in x-Richtung mit dem Faktor $\dfrac{1}{b}$, beeinflußt also die Periode p. Für die Periode der Funktion $y = \sin bx$ (b > 0) gilt allgemein $\underline{p = \dfrac{2\pi}{b}}$.

Trigonometrie 53

c bewirkt eine Verschiebung in x-Richtung um $x_o = -\frac{c}{b}$ (vgl. S. 42). Wegen der Periodizität der allgemeinen Sinusfunktion sind nur Verschiebungen mit $0 \leq |x_o| \leq p$ bzw. $-\frac{p}{2} \leq |x_o| \leq \frac{p}{2}$ von Interesse.

Beispiel 10.a: $f_1(x) = \sin(x + \frac{\pi}{2})$ 10.b: $f_2(x) = \sin(x - \frac{\pi}{2})$

$\sin(x + \frac{\pi}{2})$ ist gegenüber $\sin x$ $\sin(x - \frac{\pi}{2})$ ist gegenüber $\sin x$
um $\frac{\pi}{2}$ nach links verschoben   um $\frac{\pi}{2}$ nach rechts verschoben

$\sin(x + \frac{\pi}{2}) = \cos x$ $\sin(x - \frac{\pi}{2}) = -\cos x$

Übung: Veranschaulichen Sie sich diese Aussagen an Skizzen der Funktionen!

Beispiel 11: $f(x) = \frac{5}{2}\sin(\frac{2}{3}x + \frac{\pi}{6}) = \frac{5}{2}\sin\frac{2}{3}(x + \frac{\pi}{4})$

Amplitude $A = \frac{5}{2}$

Periode $p = 3\pi$

Verschiebung $x_o = -\frac{\pi}{4}$
(nach links)

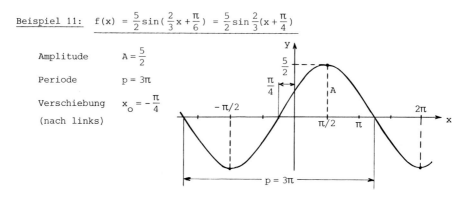

Beispiel 12: $f(x) = -2\sin 2(x - \frac{5\pi}{6})$

1. Möglichkeit: Spiegelung von $g(x) = 2\sin 2(x - \frac{5\pi}{6})$ an der x-Achse

   $g(x)$ mit $A = 2$, $p = \pi$, $x_o = \frac{5\pi}{6}$

   d.h. $(2\sin 2x)$-Kurve spiegeln an der x-Achse $\Rightarrow$ $(-2\sin 2x)$-Kurve;
   dann verschieben um $\frac{5\pi}{6}$ nach rechts

2. Möglichkeit: Wegen $\sin(u + \pi) = -\sin u$ läßt sich $f(x)$ darstellen mit positivem Amplitudenfaktor in der Form

   $f(x) = 2\sin 2(x - \frac{5\pi}{6} + \frac{\pi}{2}) = 2\sin 2(x - \frac{\pi}{3})$

   d.h. $(2\sin 2x)$-Kurve verschieben um $\frac{\pi}{3}$ nach rechts

Übung: Veranschaulichen Sie sich beide Möglichkeiten der Erzeugung von $f(x)$ mit Hilfe geeigneter Skizzen!

IV. ANALYTISCHE GEOMETRIE

In der <u>Analytischen Geometrie</u> führt man zur Untersuchung geometrischer Figuren und zur Lösung geometrischer Aufgaben <u>Koordinaten</u> ein. Geometrische Eigenschaften von Figuren lassen sich dann durch rechnerische Beziehungen zwischen den Koordinaten ihrer Punkte ausdrücken; umgekehrt kann man algebraische Zusammenhänge zwischen Koordinaten geometrisch interpretieren.

1. Kartesische Koordinaten in der Ebene

1.1. Koordinatensystem

Geometrische Objekte und Zusammenhänge beschreibt man am einfachsten im <u>rechtwinkligen O x y - Koordinatensystem</u>. Bei einem <u>kartesischen</u> Koordinatensystem ist die y-Achse um $+90°$ gegen die x-Achse gedreht; die Längeneinheiten auf beiden Achsen sind gleich.

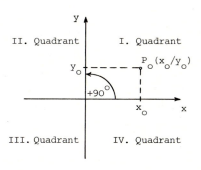

Man erhält so eine umkehrbar eindeutige Zuordnung zwischen den <u>Punkten</u> der Ebene und <u>geordneten Zahlenpaaren</u> (<u>Koordinaten</u>):

(1) $\qquad P \longleftrightarrow (x/y), \quad x \in \mathbb{R}, \, y \in \mathbb{R} \quad \begin{cases} x \ldots \text{Abszisse} \\ y \ldots \text{Ordinate} \end{cases}$

<u>Beispiel 1:</u> Gegeben sind die Punkte $A(x_A/y_A)$ und $B(x_B/y_B)$. Welche Koordinaten hat der Mittelpunkt M der Strecke AB ?

<u>Lösung:</u> Der Skizze entnimmt man

$x_M = x_A + \frac{1}{2}(x_B - x_A) = \frac{1}{2}(x_A + x_B)$

$y_M = y_A + \frac{1}{2}(y_B - y_A) = \frac{1}{2}(y_A + y_B)$

⇒ Die Koordinaten des Mittelpunkts sind die <u>arithmetischen Mittel</u> der Koordinaten der Endpunkte.

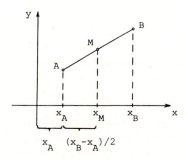

Analytische Geometrie

1.2. Längen und Winkel, Steigung einer Geraden

Nach Pythagoras gilt für den Abstand zweier beliebiger Punkte $P_1(x_1/y_1)$, $P_2(x_2/y_2)$

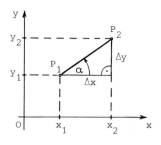

(2) $\quad \overline{P_1P_2} = \sqrt{(x_2 - x_1)^2 + (y_2 - y_1)^2}$

Unter dem <u>Anstieg der Strecke</u> P_1P_2 oder der <u>Steigung der Geraden</u> (P_1P_2) versteht man den Tangens des Anstiegswinkels α gegen die positive x-Achse:

(3) $\quad m = \tan \alpha = \dfrac{y_2 - y_1}{x_2 - x_1} = \dfrac{\text{y-Zuwachs}}{\text{x-Zuwachs}} = \dfrac{\Delta y}{\Delta x}$

1.3. Parallelverschiebung des Koordinatensystems

Das $O\,x\,y$ - System gehe durch Parallelverschiebung über in ein $\overline{O}\,\overline{x}\,\overline{y}$ - System; der neue Ursprung $\overline{O}$ habe die Koordinaten $x = a$, $y = b$. Für einen festen Punkt P gelten folgende Beziehungen zwischen seinen Koordinaten (x/y) und $(\overline{x}/\overline{y})$:

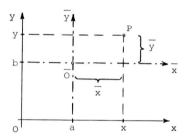

(4a) $\quad \begin{aligned} x &= \overline{x} + a \\ y &= \overline{y} + b \end{aligned}$

(4b) $\quad \begin{aligned} \overline{x} &= x - a \\ \overline{y} &= y - b \end{aligned}$

Diese Transformationsgleichungen gelten für beliebige Lagen von $\overline{O}$ und P bezüglich des $O\,x\,y$ - Systems, auch wenn a, b negativ sind.

<u>Beispiel 2:</u> Gegeben ist eine Kurve im $O\,x\,y$ - System durch die Gleichung $y = x^2 - 4x + 1$.
Wie lautet ihre Gleichung im $\overline{O}\,\overline{x}\,\overline{y}$ - System mit $\overline{O}\,(2/-3)$?

<u>Lösung:</u> (4a) mit $a = 2$ und $b = -3$ in die Kurvengleichung einsetzen:
$\Rightarrow \quad \overline{y} - 3 = (\overline{x} + 2)^2 - 4(\overline{x} + 2) + 1 \quad \Longleftrightarrow \quad \overline{y} = \overline{x}^2$.

Diese neue Kurvengleichung ist einfacher, da die $\overline{y}$ - Achse Symmetrieachse der Parabel ist und der neue Ursprung $\overline{O}$ im Parabelscheitel liegt (Veranschaulichung in einer Skizze!)

2. Geraden im ebenen Koordinatensystem

2.1. Verschiedene Formen der Geradengleichung

Hauptform der Geradengleichung

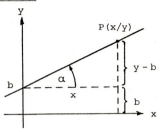

(5) $y = mx + b$

   m ... Steigung
   b ... y-Achsen-Abschnitt

Beweis: s. Skizze : $m = (y-b)/x$

Allgemeine Geradengleichung (allgemeine lineare Gleichung)

Die allgemeine lineare Gleichung in x und y

(6) $Ax + By + C = 0$ (A , B nicht beide Null)

stellt stets eine Gerade dar.

Beweis: $B \neq 0$: $y = -\frac{A}{B}x - \frac{C}{B}$ vgl. (5)

         $B = 0$: $x = -\frac{C}{A}$ Parallele zur y-Achse

Punkt-Steigungs-Form

Die Gerade durch $P_1(x_1/y_1)$ mit
Steigung m hat die Gleichung

(7) $\frac{y - y_1}{x - x_1} = m$

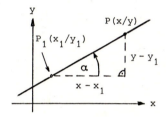

Beweis: s. Skizze und $m = \tan \alpha$

Zwei-Punkte-Form

Die Gerade durch $P_1(x_1/y_1)$ und $P_2(x_2/y_2)$ hat die Gleichung

(8) $\frac{y - y_1}{x - x_1} = \frac{y_2 - y_1}{x_2 - x_1}$

Beweis: folgt aus (7) mit $m = (y_2-y_1)/(x_2-x_1)$ = Steigung von P_1P_2

Achsenabschnittsform

Die Gerade mit den Achsenabschnitten
a und b hat die Gleichung

(9) $\frac{x}{a} + \frac{y}{b} = 1$

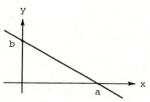

Beweis: Punktprobe für Achsenschnittpunkte (a/0) und (0/b) .

Analytische Geometrie

Beispiel 3: Wie lautet die Gleichung der Geraden

a) mit Steigung $\frac{1}{2}$ durch $P(-4/0)$;

b) mit Steigung m und x-Achsenabschnitt a ?

Lösung: mit Punkt-Steigungs-Form

a) $\frac{y-0}{x+4} = \frac{1}{2} \Rightarrow y = \frac{1}{2}x + 2$

b) $\frac{y-0}{x-a} = m \Rightarrow y = mx - ma$.

Beispiel 4: Gegeben ist das Dreieck $A(-4/0)$, $B(6/-3)$, $C(4/6)$.

a) Berechnen Sie die Koordinaten der Seitenmitten D , E , F.

b) Stellen Sie die Gleichungen der Seitenhalbierenden auf .

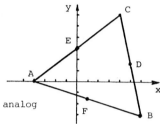

Lösung: a) $x_D = \frac{1}{2}(x_B + x_C) = 5$

$y_D = \frac{1}{2}(y_B + y_C) = \frac{3}{2}$ $\Bigg\}$ $D(5/\frac{3}{2})$

analog: $E(0/3)$, $F(1/-\frac{3}{2})$

b) AD: $\frac{y - y_A}{x - x_A} = \frac{y_D - y_A}{x_D - x_A}$, für BE , CF analog

AD: $\frac{y - 0}{x + 4} = \frac{1,5 - 0}{5 + 4}$ → $y = \frac{1}{6}x + \frac{2}{3}$

BE: $\frac{y + 3}{x - 6} = \frac{3 + 3}{0 - 6}$ → $y = -x + 3$

CF: $\frac{y - 6}{x - 4} = \frac{-1,5 - 6}{1 - 4}$ → $y = \frac{5}{2}x - 4$

Beispiel 5: Untersuchen Sie, ob die 3 Punkte auf einer Geraden liegen:

a) $P_1(1/1)$, $P_2(3/2)$, $P_3(4/2,5)$;

b) $Q_1(-6/-3)$, $Q_2(2/2)$, $Q_3(7/5)$.

Lösung: a) P_1, P_2, P_3 liegen genau dann auf einer Geraden, wenn die Steigungen von P_1P_2 und P_1P_3 gleich groß sind.

P_1P_2: $m_1 = \frac{y_2 - y_1}{x_2 - x_1} = \frac{2-1}{3-1} = \frac{1}{2}$ $\Bigg\}$ → P_1, P_2, P_3 liegen

P_1P_3: $m_2 = \frac{y_3 - y_1}{x_3 - x_1} = \frac{2,5-1}{4-1} = \frac{1}{2}$ auf einer Geraden.

b) Q_1Q_2: $m_1 = \frac{5}{8}$ $\Bigg\}$ $m_1 \neq m_2$, also nicht auf einer Geraden.

Q_1Q_3: $m_2 = \frac{8}{13}$

2.2. Winkel zwischen zwei Geraden

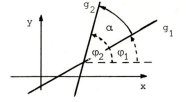

Gegeben: g_1 mit Steigung $m_1 = \tan \varphi_1$
            g_2 mit Steigung $m_2 = \tan \varphi_2$

gesucht: $\alpha = \varphi_2 - \varphi_1 = ?$

Mit $\tan(\varphi_2 - \varphi_1) = (\tan\varphi_2 - \tan\varphi_1)/(1 + \tan\varphi_2 \cdot \tan\varphi_1)$

erhält man

(10) $\tan \alpha = \tan(\varphi_2 - \varphi_1) = \dfrac{m_2 - m_1}{1 + m_2 m_1}$

Sonderfall: $g_1 \perp g_2$, $\alpha = \dfrac{\pi}{2}$, $\tan\alpha = \infty$ $\overset{(10)}{\Rightarrow}$ $1 + m_1 m_2 = 0$

⇒ Stehen zwei Geraden aufeinander senkrecht, so ist

(11) $m_1 m_2 = -1$ oder $m_2 = -\dfrac{1}{m_1}$

Beispiel 6:   Berechnen Sie die Innenwinkel des Dreiecks mit den Seiten
           $y = \dfrac{1}{2}x$, $y = 3x$, $x + y = 6$.

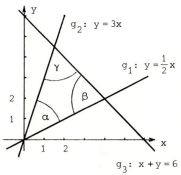

Lösung: $m_1 = \dfrac{1}{2}$, $m_2 = 3$, $m_3 = -1$

      $\tan \alpha = \dfrac{m_2 - m_1}{1 + m_2 m_1} = 1 \Rightarrow \alpha = 45°$

      $\tan \beta = \dfrac{m_1 - m_3}{1 + m_3 m_1} = 3 \Rightarrow \beta = 71{,}6°$

      $\tan \gamma = \dfrac{m_3 - m_2}{1 + m_3 m_2} = 2 \Rightarrow \gamma = 63{,}4°$

    Kontrolle: $\alpha + \beta + \gamma = 180°$!

Beispiel 7:   Gegeben sei eine Gerade g mit Steigung m durch $P_o(x_o/y_o)$.
            Wie lautet die Gleichung der Normalen n durch P_o ?

Lösung: n ist die Gerade durch $P_o(x_o/y_o)$ mit
        der Steigung $-\dfrac{1}{m}$:

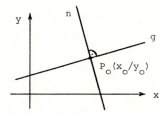

      (7) $\dfrac{y - y_o}{x - x_o} = -\dfrac{1}{m}$
      ⇒

Analytische Geometrie

3. Kreis

3.1. Mittelpunktsgleichung

Der Kreis um den Nullpunkt mit
Radius r hat die Gleichung

(12) $\quad x^2 + y^2 = r^2$

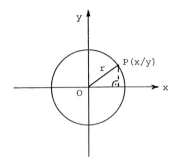

Der Kreis mit Mittelpunkt $M(x_o/y_o)$
und Radius r hat die Gleichung

(13) $\quad (x - x_o)^2 + (y - y_o)^2 = r^2$

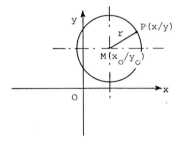

Beweis: $\overline{OP} = r \Rightarrow$ (12) ⎫
$\qquad \overline{MP} = r \Rightarrow$ (13) ⎭ Pythagoras !

<u>Beispiel 8</u>: Wie heißt die Gleichung des Kreises um O durch $P_o(2/\frac{3}{2})$?

<u>Lösung</u>: Die Koordinaten von P_o müssen (12) erfüllen (<u>Punktprobe</u>):

$$4 + \frac{9}{4} = r^2 \Rightarrow r^2 = \frac{25}{4}, \text{ also } x^2 + y^2 = \frac{25}{4}$$

<u>Beispiel 9</u>: Gegeben ist der Kreis K: $x^2 + y^2 = 169$. Welche der Punkte
A(11/7), B(5/12), C(-8/10), D(-13/0), E(12/-5) liegen auf
(innerhalb von, außerhalb von) K ?

<u>Lösung</u>: A: $\quad 11^2 + 7^2 = 170 > 169 \qquad$ also außerhalb
$\qquad$ B: $\quad 5^2 + 12^2 = 169 \qquad\qquad$ auf
$\qquad$ C: $(-8)^2 + 10^2 = 164 < 169 \qquad$ innerhalb
$\qquad$ D: $(-13)^2 + 0 = 169 \qquad\qquad$ auf
$\qquad$ E: $\quad 12^2 + (-5)^2 = 169 \qquad\qquad$ auf

3.2. Allgemeine Form der Kreisgleichung

Jede Gleichung der Form

(14) $\quad Ax^2 + Ay^2 + Bx + Cy + D = 0 \quad$ mit $\quad A \neq 0$

stellt einen Kreis dar (evtl. ausgeartet mit $r = 0$ oder $r^2 < 0$).

Durch Ausmultiplizieren läßt sich (13) leicht auf die Form (14) bringen mit $A = 1$. Die Umkehrung gelingt mit dem Verfahren der quadratischen Ergänzung.

Beispiel 10: Untersuchen Sie die Kurven mit den Gleichungen

$\quad$ a.) $\quad 2x^2 + 2y^2 + x - 7y = 0$

$\quad$ b.) $\quad 16x^2 + 16y^2 - 16x + 24y + 13 = 0$

$\quad$ c.) $\quad x^2 + y^2 + 0,4x + 2,8y + 3,44 = 0$

Lösung: a.) Division durch 2: $\qquad x^2 + \frac{1}{2}x \quad + y^2 - \frac{7}{2}y \qquad = 0$

$\qquad$ quadratische Ergänzung$^{(*)} \qquad +(\frac{1}{4})^2 \qquad +(\frac{7}{4})^2 = (\frac{1}{4})^2 + (\frac{7}{4})^2$

$$\left(x + \frac{1}{4}\right)^2 + \left(y - \frac{7}{4}\right)^2 = \frac{50}{16}$$

$\quad \Rightarrow$ Kreis mit $M\left(-\frac{1}{4} / \frac{7}{4}\right)$, $r = \frac{5}{4}\sqrt{2}$

(*) Wegen $(x + a)^2 = x^2 + 2ax + a^2$ muß man das Quadrat des halben Koeffizienten des linearen Gliedes addieren.

$\quad$ b.) Entsprechende Umformung wie unter a.) ergibt

$$\left(x - \frac{1}{2}\right)^2 + \left(y + \frac{3}{4}\right)^2 = 0$$

$\quad \Rightarrow$ Punkt $P_1\left(\frac{1}{2} / -\frac{3}{4}\right) \qquad$ (Kreis mit $r = 0$)

$\quad$ c.) $\Leftrightarrow \quad (x + 0,2)^2 + (y + 1,4)^2 = -1,44$

$\qquad \Rightarrow \quad$ keine reelle Kurve

3.3. Kreis und Gerade

Für die Schnittpunkte zwischen einem Kreis und einer Geraden gibt es drei verschiedene Möglichkeiten:

a) 2 reelle verschiedene Schnittpunkte, die Gerade durchsetzt den Kreis

b) 2 zusammenfallende Schnittpunkte, die Gerade ist Tangente

c) keine reellen Schnittpunkte, die Gerade verläuft vollständig außerhalb des Kreises

Analytische Geometrie 61

Beispiel 11: Der Kreis um O mit Radius $r = \sqrt{10}$ wird von der Geraden

y = 2x - 5 geschnitten.

a.) Berechnen Sie Länge s und Mittelpunkt S der herausgeschnittenen Sehne.

b.) Zeigen Sie, daß OS senkrecht zur Sehne ist.

Lösung: a.) K: $x^2 + y^2 = 10$ (*)

g: y = 2x - 5   (**)

(**) in (*): $x^2 + 4x^2 - 20x + 25 = 10$ |:5

$$x^2 - 4x + 3 = 0 \Rightarrow x_{1,2} = \frac{4 \pm \sqrt{16 - 12}}{2} = \begin{cases} 3 \\ 1 \end{cases}$$

Schnittpunkte $P_1(1/-3)$ [y_1 aus (**), nicht aus (*) berechnen !]

$P_2(3/1)$

Sehnenlänge $s = \sqrt{(3 - 1)^2 + (1 + 3)^2} = \sqrt{20}$

Sehnenmittelpunkt $S(2/-1)$

b.) Sehnensteigung $m_1 = 2$ } $\Rightarrow m_1 \cdot m_2 = -1$

    Steigung OS $m_2 = -\dfrac{1}{2}$ }

Beispiel 12: Bestimmen Sie m so, daß die Gerade y = m x + 5 den Kreis $x^2 + y^2 = 5$ berührt. Welche Koordinaten haben die Berührpunkte ?

Lösung: Schnittpunktsbestimmung:

$$x^2 + (mx + 5)^2 = 5 \Leftrightarrow (1 + m^2)x^2 + 10\,mx + 20 = 0$$

$$x_{1,2} = \frac{-10\,m \pm \sqrt{100\,m^2 - 80(1 + m^2)}}{2(1 + m^2)} = \frac{-10m \pm \sqrt{20\,m^2 - 80}}{2(1 + m^2)}$$

Tangentenbedingung: Diskriminante = 0

$20\,m^2 - 80 = 0 \Rightarrow m_{1,2} = \pm 2$

Berührpunkte:

t_1: $m_1 = 2$, $x_1 = -2$, $y_1 = 2x_1 + 5 = 1$ $\Rightarrow$ $B_1(-2 / 1)$

t_2: $m_2 = -2$, $x_2 = 2$, $y_2 = -2x_2 + 5 = 1$ $\Rightarrow$ $B_2(2 / 1)$

62   Analytische Geometrie

Beispiel 13: Wie lautet die Gleichung des Kreises durch die drei Punkte
A(-1/2), B(5/0), C(1/-2) ?

Lösung:

1. Weg:

Kreismittelpunkt ist Schnittpunkt
der Mittelsenkrechten g_1 von AB
und g_2 von BC.

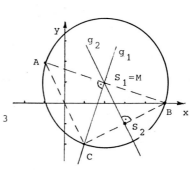

Mittelpunkt der Sehne AB: $S_1(2/1)$
Steigung von AB: $m_1 = -\frac{1}{3}$

g_1 = Gerade durch S_1 mit Steigung $-\frac{1}{m_1} = 3$

(7) $\Rightarrow$ $\frac{y-1}{x-2} = 3$ $\Rightarrow$ $y = 3x - 5$

Mittelpunkt der Sehne BC: $S_2(3/-1)$
Steigung von BC: $m_2 = \frac{1}{2}$

g_2 = Gerade durch S_2 mit Steigung $-\frac{1}{m_2} = -2$

(7) $\Rightarrow$ $\frac{y+1}{x-3} = -2$ $\Rightarrow$ $y = -2x + 5$

Schnitt der Geraden g_1 und g_2:

$3x - 5 = -2x + 5$ $\Rightarrow$ $x = 2$, $y = 1$ ... M(2/1) (= S_1 !)

Kreisradius:

$r = \overline{MA} = \sqrt{3^2 + 1^2} = \sqrt{10}$

Ergebnis: Der gesuchte Kreis hat die Gleichung

$$(x-2)^2 + (y-1)^2 = 10$$

2. Weg:

Die Koordinaten der 3 Punkte müssen die Kreisgleichung

$$(x-x_0)^2 + (y-y_0)^2 = r^2$$

erfüllen. Man erhält so ein Gleichungssystem von 3 Gleichungen für
die Unbekannten x_0, y_0, r mit der Lösung $x_0 = 2$, $y_0 = 1$, $r = \sqrt{10}$.

Analytische Geometrie

4. Ellipse

4.1. Definition als geometrischer Ort

Der geometrische Ort aller Punkte, für welche die Summe der Entfernungen von zwei festen Punkten $F_{1,2}$ konstant ist, heißt <u>Ellipse</u>.

⇒ Die Ellipse ist eine geschlossene Kurve; sie ist symmetrisch zur <u>Hauptachse</u> (F_1F_2) und zur <u>Nebenachse</u>, der Mittelsenkrechten von (F_1F_2).

Bezeichnungen:

M	...	Mittelpunkt
F_1, F_2	...	Brennpunkte
S_1, S_2	...	Hauptscheitel
S_3, S_4	...	Nebenscheitel
$a = \overline{MS}_1 = \overline{MS}_2$	...	große Halbachse
$b = \overline{MS}_3 = \overline{MS}_4$	...	kleine Halbachse
$e = \overline{MF}_1 = \overline{MF}_2$	...	Brennweite

$r_1 + r_2 = 2a$

4.2. Mittelpunktsgleichungen

Die Ellipse mit Mittelpunkt O, Brennpunkten $F_1(e/0)$, $F_2(-e/0)$ und konstanter Abstandssumme $2a$ hat die Gleichung

(15) $\quad \dfrac{x^2}{a^2} + \dfrac{y^2}{b^2} = 1 \; ; \quad e^2 = a^2 - b^2 \qquad (\overline{F_1S_3} = a \, !)$

Die Ellipse mit Mittelpunkt $M(x_0/y_0)$, Halbachsen a, b und Symmetrieachsen parallel zu den Koordinatenachsen hat die Gleichung

(16) $\quad \dfrac{(x-x_0)^2}{a^2} + \dfrac{(y-y_0)^2}{b^2} = 1$

Bemerkungen:

1. Den Übergang von (15) nach (16) erhält man leicht mit Hilfe der Transformationsgleichungen (4).
2. Für $a = b = r$ ergibt sich jeweils eine Kreisgleichung.
3. Ellipsen entstehen durch Dehnung bzw. Pressung eines Kreises; Ellipsen sind affine Bilder eines Kreises. $\left(\dfrac{\overline{RP}}{\overline{RQ}} = \dfrac{b}{a} \right)$

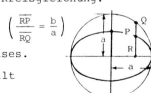

4. Für den <u>Flächeninhalt einer Ellipse</u> gilt

(17) $\quad A = \pi a b$

Beispiel 14: Wie groß sind Halbachsen und Brennweite der folgenden Ellipsen?

a) $\dfrac{x^2}{6,25} + \dfrac{y^2}{4} = 1$ b) $3x^2 + 4y^2 = 48$

Lösung: a) $a = \sqrt{6,25} = 2,5$; $b = \sqrt{4} = 2$; $e = \sqrt{a^2 - b^2} = \sqrt{2,25} = 1,5$

b) $3x^2 + 4y^2 = 48 \iff \dfrac{x^2}{16} + \dfrac{y^2}{12} = 1 \Rightarrow a = 4$; $b = \sqrt{12}$; $e = 2$

Beispiel 15: Eine Ellipse mit Mittelpunkt O, Hauptscheiteln auf der x-Achse und $a = 5$ geht durch P(3/2). Wie lautet ihre Gleichung?

Lösung: Ansatz $\dfrac{x^2}{25} + \dfrac{y^2}{b^2} = 1 \iff b^2 x^2 + 25 y^2 = 25 b^2$

Punktprobe für P: $9b^2 + 100 = 25 b^2 \Rightarrow b = \dfrac{5}{2} \Rightarrow \underline{\dfrac{x^2}{25} + \dfrac{y^2}{6,25} = 1}$

Beispiel 16: Ein Stab wird in seinen Endpunkten in zwei zueinander senkrechten Schienen geführt. Welche Kurve beschreibt der Punkt P, der von den Endpunkten die Abstände a und b hat (s. Skizze)?

Lösung: $\left.\begin{array}{l} x = a \cos \alpha \\ y = b \sin \alpha \end{array}\right\}$ α eliminieren

$\Rightarrow \underline{\dfrac{x^2}{a^2} + \dfrac{y^2}{b^2} = 1}$ ... P durchläuft eine Ellipse

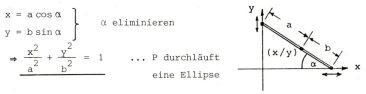

Beispiel 17: Nach dem 1. Keplerschen Gesetz bewegen sich Planeten (und Kometen) auf Ellipsen, in deren einem Brennpunkt die Sonne steht. Der kleinste Abstand von der Sonne sei r_1, der größte Abstand sei r_2.

a) Bestimmen Sie Halbachsen a, b, Brennweite e und numerische Exzentrizität $\varepsilon = \dfrac{e}{a}$ in Abhängigkeit von r_1 und r_2.

b) Welche Zahlenwerte ergeben sich

b1) für die Erde: $r_1 \approx 147,5 \cdot 10^6$ km; $r_2 \approx 152,5 \cdot 10^6$ km

b2) für den Halley-Kometen: $r_1 \approx 88 \cdot 10^6$ km; $r_2 \approx 5\,280 \cdot 10^6$ km

Lösung: a) Sonnennächster Punkt (Perihel) und sonnenfernster Punkt (Aphel) liegen auf der Hauptachse der Ellipse und haben den Abstand 2a

$\Rightarrow a = \dfrac{1}{2}(r_1 + r_2)$; $e = a - r_1 = \dfrac{1}{2}(r_2 - r_1)$ (Skizze!)

$b = \sqrt{a^2 - e^2} = \sqrt{r_1 r_2}$; $\varepsilon = (r_2 - r_1)/(r_2 + r_1)$

b) Erde: $a \approx b \approx 150 \cdot 10^6$ km; $\varepsilon \approx 0,0167 \approx 1/60$

Halley: $a \approx 2\,684 \cdot 10^6$ km; $b \approx 681,6 \cdot 10^6$ km; $\varepsilon \approx 0,97$

Bemerkung: Die numerische Exzentrizität ε ist ein "Formparameter" der Ellipse mit $0 < \varepsilon < 1$: ε nahe bei 0 $\Rightarrow$ Ellipse $\approx$ Kreis; ε nahe bei 1 $\Rightarrow$ langgestreckte Ellipse.

Analytische Geometrie

5. Hyperbel
=============

5.1. Definition als geometrischer Ort

Der geometrische Ort aller Punkte, für welche die Differenz der Entfernungen von zwei festen Punkten F_1, F_2 konstant ist, heißt Hyperbel.

Bezeichnungen:

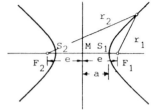

- M ... Mittelpunkt
- F_1, F_2 ... Brennpunkte
- S_1, S_2 ... Scheitel
- $a = \overline{MS_1} = \overline{MS_2}$ ... große Halbachse
- $e = \overline{MF_1} = \overline{MF_2}$ ... Brennweite
- $b = \sqrt{e^2 - a^2}$ ... kleine Halbachse

$|r_2 - r_1| = 2a$

Die Hyperbel ist eine symmetrische Kurve aus zwei Ästen; die Symmetrieachsen heißen Hauptachse (= (S_1S_2)) und Nebenachse (= Mittelsenkrechte von (S_1S_2)).

5.2. Mittelpunktsgleichungen

Die Hyperbel mit Mittelpunkt O, Brennpunkten $F_1(e/0)$, $F_2(-e/0)$ und konstanter Entfernungsdifferenz 2a hat die Gleichung

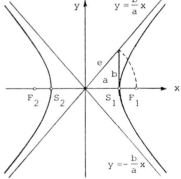

(18) $\quad \dfrac{x^2}{a^2} - \dfrac{y^2}{b^2} = 1 \;; \quad e^2 = a^2 + b^2$

Für große $|x|$ und $|y|$ nähert sich die Hyperbel (18) den Asymptoten mit der Gleichung

(19) $\quad y = \pm \dfrac{b}{a} x$

Die Hyperbel mit Mittelpunkt $M(x_o/y_o)$, Halbachsen a, b und Symmetrieachsen parallel zu den Koordinatenachsen hat die Gleichung

(20) $\quad \dfrac{(x-x_o)^2}{a^2} - \dfrac{(y-y_o)^2}{b^2} = 1$

Bemerkungen:

1. Die Hyperbel mit der Gleichung

(21) $\qquad -\dfrac{x^2}{a^2} + \dfrac{y^2}{b^2} = 1$

heißt konjugiert zur Hyperbel (18). Ihre Hauptachse ist die y-Achse, sie ist in Richtung der y-Achse geöffnet. Die Hyperbel (18) und die zu ihr konjugierte Hyperbel (21) haben die gleichen Asymptoten.

2. Für $a = b$ ergeben sich nach (19) die senkrecht aufeinander stehenden Asymptoten $y = \pm x$ (Winkelhalbierende). Hyperbeln mit senkrechten Asymptoten heißen rechtwinklig oder gleichseitig.

Beispiel 18: Wie lautet die Gleichung der Hyperbel mit $M(3/-4)$, $a = 6$, $b = 5$, die in Richtung der y-Achse geöffnet ist?

Lösung: $\qquad -\dfrac{(x-3)^2}{36} + \dfrac{(y+4)^2}{25} = 1$

Beispiel 19: Wie lautet die Gleichung der Hyperbel durch $P(4/2)$ mit den Asymptoten $y = \pm \dfrac{2}{3} x$?

Lösung: Asymptoten-Schnittpunkt $= M = 0$, also Ansatz $\dfrac{x^2}{a^2} - \dfrac{y^2}{b^2} = 1$

$\left.\begin{array}{l} \text{Punktprobe } P: \quad \dfrac{16}{a^2} - \dfrac{4}{b^2} = 1 \\[2em] \text{Asymptotensteigung:} \quad \dfrac{b}{a} = \dfrac{2}{3} \end{array}\right\} \quad \Rightarrow \quad a^2 = 7, \quad b^2 = \dfrac{28}{9}$

Ergebnis: $\dfrac{x^2}{7} - \dfrac{9y^2}{28} = 1 \qquad$ oder $\qquad 4x^2 - 9y^2 = 28$.

Beispiel 20: Bestimmen Sie die Schnittpunkte zwischen Hyperbel und Gerade:

$$4x^2 - 9y^2 = 36, \qquad 2x - y - 6 = 0$$

Lösung: $2x = y + 6$ in Hyperbelgleichung einsetzen:

$(y+6)^2 - 9y^2 = 36 \quad \Longleftrightarrow \quad y^2 + 12y + 36 - 9y^2 = 36$

$\Longleftrightarrow \quad -8y^2 + 12y = 0 \quad \Rightarrow \left\{\begin{array}{l} y_1 = 0, \quad x_1 = 3 \quad \Rightarrow \quad P_1(3/0) \\[1em] y_2 = \dfrac{3}{2}, \quad x_2 = \dfrac{15}{4} \quad \Rightarrow \quad P_2\left(\dfrac{15}{4}/\dfrac{3}{2}\right) \end{array}\right.$

Analytische Geometrie 67

5.3. Rechtwinklige Hyperbeln mit achsenparallelen Asymptoten

Bezieht man eine rechtwinklige Hyperbel auf ihre Asymptoten als x,y-Koordinatenachsen, so ergibt sich:

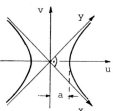

$$u^2 - v^2 = a^2 \iff xy = \frac{a^2}{2}$$

Daraus folgen die <u>Asymptotengleichungen</u> der Hyperbel:

(22a) $\quad xy = c^2 \quad \begin{cases} \text{rechtwinklige Hyperbel mit } a = c\sqrt{2} \\ \text{Asymptoten = Koordinatenachsen} \\ \text{Äste im 1. und 3. Quadranten} \end{cases}$

(22b) $\quad xy = -c^2 \quad \begin{cases} \text{rechtwinklige Hyperbel mit } a = c\sqrt{2} \\ \text{Asymptoten = Koordinatenachsen} \\ \text{Äste im 2. und 4. Quadranten} \end{cases}$

(23) $\quad (x-x_0)(y-y_0) = \pm c^2 \quad \begin{cases} \text{rechtwinklige Hyperbel mit } a = c\sqrt{2} \\ \text{Mittelpunkt } M(x_0/y_0) \\ \text{Asymptoten parallel Koordinatenachsen} \end{cases}$

Die letzte Asymptotengleichung läßt sich auf die Form bringen

(24) $\quad y = \dfrac{Ax + B}{Cx + D}$

Umgekehrt entspricht jedem derartigen Quotienten zweier linearer Funktionen mit $C \neq 0$, $AD - BC \neq 0$ eine rechtwinklige Hyperbel mit Mittelpunkt $M(-\frac{D}{C}/\frac{A}{C})$ und Asymptoten parallel zu den Koordinatenachsen.

<u>Beispiel 21:</u> Diskutieren und skizzieren Sie die Hyperbel mit der Gleichung
$$y = \frac{x}{2-x}$$

<u>Lösung:</u> $\quad y = \dfrac{x}{2-x} = \dfrac{-x}{x-2} = -1 - \dfrac{2}{x-2}$

$\iff (x-2)(y+1) = -2$

Vergleich mit (23):

$\Rightarrow M(2/-1)$, Halbachse $a = 2$

achsenparallele Asymptoten

Äste im 2. und 4. Quadranten des Asymptotensystems

68 Analytische Geometrie

6. Parabel
============

6.1. Definition als geometrischer Ort

Der geometrische Ort aller Punkte, deren Abstände von einer festen Geraden ℓ und einem festen Punkt F gleich sind, heißt Parabel.

Bezeichnungen:

- ℓ ... Leitlinie
- F ... Brennpunkt
- S ... Scheitel = Berührpunkt der Tangente ∥ ℓ
- p ... Halbparameter = Abstand $\overline{Fℓ}$

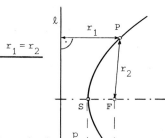

Die Parabel ist symmetrisch zur Parabelachse (SF).

6.2. Scheitelgleichungen

Die Parabel mit Scheitel O und Brennpunkt $F(\frac{p}{2}/0)$ hat die Gleichung

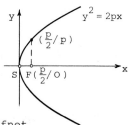

(25) $y^2 = 2px$ ($p > 0$)

Andere Lagen der Parabel mit $S = O$:

$y^2 = -2px$ nach links geöffnet

$x^2 = \pm 2py$ nach oben (unten) geöffnet

Die Parabel mit Scheitel $S(x_0/y_0)$, Parameter $2p$, nach rechts (nach links) geöffnet hat die Gleichung

(26) $(y - y_0)^2 = \pm 2p(x - x_0)$ ($p > 0$)

Zu Gl. (26)

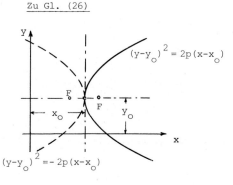

Zu Gl. (27)

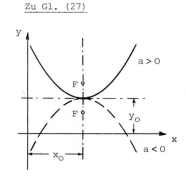

Analytische Geometrie   69

Die entsprechende Gleichung für nach oben (nach unten) geöffnete
Parabeln löst man üblicherweise auf nach y und schreibt sie in
der Form

$$(27) \qquad y - y_0 = a (x - x_0)^2 \qquad \begin{cases} a > 0 : & \text{nach oben geöffnet} \\ a < 0 : & \text{nach unten geöffnet} \end{cases}$$

Zwischen a und p besteht dabei die Beziehung $p = \dfrac{1}{|2a|}$.

(27) läßt sich umformen in

$$(28) \qquad y = a_0 + a_1 x + a_2 x^2 \qquad \text{mit} \quad \begin{cases} a_2 = a \\ a_1 = - 2a\, x_0 \\ a_0 = a\, x_0^2 + y_0 \end{cases}$$

Parabeln sind also Bilder der <u>ganzrationalen Funktionen vom
Grad 2</u> (quadratische Funktionen).

6.3. <u>Allgemeine Parabelgleichung (Achse parallel zu einer Koordinatenachse</u>

$$(29) \qquad \left. \begin{array}{l} B\, y^2 + C\, x + D\, y + E = 0 \\ B \neq 0, \; C \neq 0 \end{array} \right\} \quad \text{Parabel mit Achse} \parallel \text{x-Achse}$$

$$(30) \qquad \left. \begin{array}{l} A\, x^2 + C\, x + D\, y + E = 0 \\ A \neq 0, \; D \neq 0 \end{array} \right\} \quad \text{Parabel mit Achse} \parallel \text{y-Achse}$$

Die Scheitelkoordinaten ermittelt man mit dem Verfahren der <u>quad-
ratischen Ergänzung</u>.

<u>Beispiel 22:</u> Bestimmen Sie Scheitel und Achsenrichtung der Parabeln

$$\text{a)} \quad 2y^2 - 9x + 12y = 0 \qquad\qquad \text{b)} \quad x^2 + 2x - 10y + 6 = 0$$

<u>Lösung:</u> a) $\quad 2(y^2 + 6y + 9) - 9x - 18 = 0 \qquad | : 2$

$$\Longleftrightarrow \quad (y + 3)^2 = \frac{9}{2} (x + 2)$$

$$\Rightarrow \quad S(-2 / -3), \quad p = \frac{9}{4}, \quad \text{nach rechts geöffnet}$$

b) $\quad (x^2 + 2x + 1) - 10y + 6 - 1 = 0$

$$\Longleftrightarrow \quad (x + 1)^2 = 10 (y - \frac{1}{2}) \quad \Longleftrightarrow \quad y = \frac{1}{10} (x + 1)^2 + \frac{1}{2}$$

$$\Rightarrow \quad S(-1 / \frac{1}{2}), \quad a = \frac{1}{10}, \quad \text{nach oben geöffnet}$$

Beispiel 23: Wie lautet die Gleichung der Parabel mit Achse parallel zur y-Achse durch die Punkte A(0/-2), B(4/2) und C(-2/2) ? Bestimmen Sie die Koordinaten des Scheitels und des Brennpunktes.

Lösung: Ansatz: $y = a_0 + a_1 x + a_2 x^2$

Punktprobe A: $-2 = a_0$
Punktprobe B: $2 = a_0 + 4a_1 + 16a_2$
Punktprobe C: $2 = a_0 - 2a_1 + 4a_2$

$a_0 = -2$, $a_1 = -1$, $a_2 = \frac{1}{2}$

⇒ Parabelgleichung: $y = \frac{1}{2}x^2 - x - 2$

Umformung durch quadratische Ergänzung:

$$y = \frac{1}{2}x^2 - x - 2 = \frac{1}{2}(x^2 - 2x + 1) - 2 - \frac{1}{2} = \frac{1}{2}(x-1)^2 - \frac{5}{2}$$

Vergleich mit der Normalform (27) liefert:

⇒ Scheitel $S(1/-\frac{5}{2})$, $a = \frac{1}{2}$, $p = 1$; Parabel nach oben geöffnet;
Brennweite $\overline{SF} = \frac{p}{2} = \frac{1}{2}$, also Brennpunkt $F(1/-2)$.

6.4. Brennpunktseigenschaft der Parabel - Parabolspiegel

Die Parabeltangente im Punkt P halbiert den Winkel zwischen Brennstrahl f = (FP) und Leitstrahl g = (LP). Die Normale im Punkt P halbiert den zugehörigen Nebenwinkel (s. Skizze !)

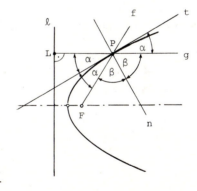

Rotiert eine Parabel um ihre Achse, so entsteht ein Rotationsparaboloid (Drehparaboloid); solche Paraboloide werden verwendet als Parabolspiegel. Aus der Brennpunktseigenschaft der Parabel folgt:

Parallel zur Achse in einen Parabolspiegel einfallende Lichtstrahlen werden so reflektiert, daß sie durch den Brennpunkt F gehen.

Analytische Geometrie

7. Ergänzungen

7.1. Allgemeine Gleichung 2. Grades ohne xy - Glied

Die Gleichung

(31) $\quad Ax^2 + By^2 + Cx + Dy + E = 0 \quad$ mit $\quad (A/B) \neq (0/0)$

beschreibt folgende Kurven

1. $AB > 0$: $\qquad$ Ellipse, Kreis ($A = B$)
 (evtl. ausgeartet, s. S. 61: Bsp. 10 b, c)
2. $AB < 0$: $\qquad$ Hyperbel, Geradenpaar
3. $A = 0, B \neq 0, C \neq 0$: $\quad$ Parabel mit Achse $\parallel$ x - Achse
 $B = 0, A \neq 0, D \neq 0$: $\quad$ Parabel mit Achse $\parallel$ y - Achse

Der Nachweis gelingt jeweils durch quadratische Ergänzung und Rückführung auf eine der Normalformen von Ellipsen-, Hyperbel- oder Parabelgleichung.

Bemerkung: Die allgemeine Gleichung 2. Grades mit xy - Glied beschreibt ebenfalls Ellipsen, Hyperbeln und Parabeln (mit Ausartungsfällen), aber in einem gedrehten Koordinatensystem.

7.2. Zur Entstehung der Kegelschnitte

Ellipsen, Hyperbeln und Parabeln treten als ebene Schnittkurven von Kegeln auf, man faßt sie deshalb zusammen unter der Bezeichnung Kegelschnitte.

Schneidet man einen geraden Kreiskegel mit einer Ebene ε, so erhält man je nach der Lage der Ebene relativ zum Kegel als Schnittfigur:

Ellipse ... ε zu keiner Mantellinie parallel

Parabel ... ε zu genau einer Mantellinie parallel,
d.h. parallel zu einer Tangentialebene des Kegels

Hyperbel ... ε zu zwei Mantellinien parallel

Geht die Schnittebene durch die Kegelspitze, so ergibt sich als Grenzfall entweder ein Geradenpaar oder eine Gerade oder ein Punkt.

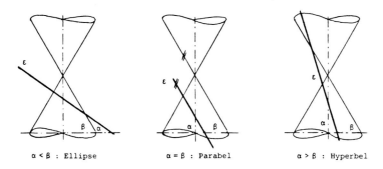

$\alpha < \beta$: Ellipse $\qquad \alpha = \beta$: Parabel $\qquad \alpha > \beta$: Hyperbel

In den Skizzen ist ε jeweils senkrecht zur Zeichenebene angenommen.

V. AUFGABEN

=================

AUFGABEN ZUR ALGEBRA

Prozent- und Zinsrechnung

1.a) Jemand verleiht 15 000 DM und erhält nach einem Jahr 16 875 DM zurück. Wie hoch war der Zinssatz?

  b) Wieviel Mehrwertsteuer (Steuersatz 14%) ist in einem Rechnungsbetrag von 142,50 DM enthalten?

  c) Auf ein Zuwachssparbuch werden 4 000 DM eingezahlt. Verzinst wird das Guthaben im 1. Jahr mit 3%, im 2. Jahr mit 4%, im 3. Jahr mit 5%, im 4. Jahr mit 8%; die jeweils am Jahresende fälligen Zinsen werden mitverzinst. Welcher Betrag steht nach Ablauf der 4 Jahre zur Verfügung?

  d) Eine Firma gewährt 10% Nachlaß vom Listenpreis, auf den ermäßigten Preis 8% Sonderrabatt und schließlich noch 3% Skonto bei Barzahlung. Um wieviel Prozent reduziert sich der Preis insgesamt?

  e) In wieviel Jahren tritt bei einer jährlichen Preissteigerungsrate von 3% (5%, 10%) eine Preisverdoppelung ein?

Dezimalzahlen mit Zehnerpotenzen

2. Schreiben Sie in der Form $a \cdot 10^k$ mit $1 \le a < 10$, k ganze Zahl :
   a) 300 000 ;   b) 0,000 000 37 ;   c) $2,2 \cdot 10^{-12} - 1,2 \cdot 10^{-13}$

3. Schreiben Sie folgende Größen ausführlich (ohne Zehnerpotenzen)
   a) kinematische Zähigkeit von Luft bei $T = 273$ K : $\nu_o = 13,3 \cdot 10^{-6}$ m^2/s .
   b) Elastizitätsmodul von Messing: $E = 79 \cdot 10^9$ Pa (Pascal). Welchen Zahlenwert hat E in der technischen Einheit $kp/(cm^2) = at$ (technische Atmosphäre)? Umrechnung: $Pa = N/(m^2)$, $1 \; kp/(cm^2) = 9,80655 \cdot 10^4$ Pa .
   c) 1 kcal $= 4,1868 \cdot 10^3$ J ; 1 J $= ?$ kcal .

4. Die Lichtgeschwindigkeit beträgt $c = 3 \cdot 10^{10}$ cm/s .
   a) Geben Sie c an in den Einheiten m/s, m/min, km/s, km/min, km/h.
   b) Wieviele cm legt ein Lichtstrahl in einem Jahr zurück (Lichtjahr)?
   c) Wieviele Kohlenstoffatome könnte man hintereinander auf der Strecke anordnen, die von einem Lichtstrahl in einer Stunde zurückgelegt wird? Betrachten Sie ein Atom als Kugel mit $d = 1,5$ Angström $= 1,5 \cdot 10^{-10}$ m .

Quadratische Gleichungen und Anwendungen

5. Lösen Sie die Gleichungen
   a) $x^2 + 6x + 5 = 0$ b) $x^2 + 6x + 9 = 0$ c) $x^2 + 6x + 13 = 0$
   d) $x^2 - 2x = 0$ e) $x(x - 2) = 3$ f) $5x^2 - 6x + 1,6 = 0$
   g) $(x^2 - 1)(x^2 + 2x) = 0$ h) $2x^3 + 4x^2 + 3x = 0$ i) $x(2x - 1) = 3(2x - 1)$

6. Zerlegen Sie die quadratischen Ausdrücke in Linearfaktoren
   a) $x^2 - 8x + 15$ b) $4x^2 - 4x + 1$ c) $18x^2 - 9x + 1$
   d) $2x^2 + 3x - 2$ e) $x^2 + (2b - a)x - 2ab$ (a, b const)

7. Wie lauten die quadratischen Gleichungen mit den Lösungen
   a) $x_1 = -2$, $x_2 = 3$ b) $x_1 = -1 + \sqrt{3}$, $x_2 = -1 - \sqrt{3}$

8. Lösen Sie die biquadratischen Gleichungen
   a) $x^4 - 13x^2 + 36 = 0$ b) $\frac{1}{2}x^4 - 6x^2 - 32 = 0$ c) $2x^4 + 7x^2 + 1 = 0$

Aufgaben   73

9. Für welche Werte von $c \in \mathbb{R}$ hat die quadratische Gleichung genau eine Lösung?

a) $x^2 - (c + 2)x + 1 = 0$

b) $x^2 - (2c - 1)x + (c - \frac{1}{2}) = 0$

10. Für welche reellen Werte c hat die quadratische Gleichung 2 (1 ; 0) Lösungen?

a) $cx^2 + 6x + 1 = 0$

b) $x^2 - 2x + c = 0$

11. Für welche Werte von t hat das Schaubild der Funktion $f(x) = 1 - \dfrac{5 + t}{(x - 1)^2}$ zwei Schnittpunkte mit der x-Achse?

12. Faktorisieren Sie Zähler und Nenner der folgenden Funktionen. Geben Sie Definitionsbereich und Nullstellen an.

a) $\dfrac{x^2 - 5x + 6}{2x^2 + 4x - 6}$

b) $\dfrac{2x^2 + 1}{x^2 - x - 6}$

c) $\dfrac{3x^2 - 27}{x^2 + x - 6} \sqrt{x^2 - 8}$

13. Lösen Sie die Gleichungen (nach Einführung einer geeigneten Hilfsvariablen)

a) $\left(\dfrac{x+5}{x-1}\right)^2 - 6\left(\dfrac{x+5}{x-1}\right) + 8 = 0$

b) $\dfrac{3x-5}{2x-2} + \dfrac{2x-2}{3x-5} = \dfrac{5}{2}$

c) $x + \sqrt{x} + 3 = 0$

14. a) Ein Händler kauft für 1 080.- DM Kaffee. Nach einer Preiserhöhung um 1 DM/kg bekommt er für denselben Betrag 15 kg weniger. Wie hoch ist der ursprüngliche Preis je kg Kaffee?

   b) Ein Arbeiter erhält einen Stundenlohn von 18 DM. Durch zwei gleich hohe prozentuale Steigerungen soll der Stundenlohn nach 2 Jahren 20 DM betragen. Wie hoch ist die jährliche prozentuale Steigerung?

15. Die Höhe einer senkrecht hochgeschossenen Rakete in Abhängigkeit von der Zeit t ist gegeben durch die Beziehung $h = v_o\, t - (gt^2)/2$. Beantworten Sie für $v_o = 100\,\text{m/s}$, $g = 10\,\text{m/s}^2$ folgende Fragen:

   a) Nach wieviel Sekunden erreicht die Rakete die Höhe $h_1 = 400\,\text{m}$?

   b) Nach wieviel Sekunden trifft die Rakete wieder am Boden auf?

Bruchterme und Bruchgleichungen
_____

16. Lösen Sie die Gleichungen (Definitionsbereich beachten!)

a) $\dfrac{5x+1}{x+2} - \dfrac{2x^2+3x-8}{x^2+4x+4} = 3$

b) $\dfrac{x^2+3}{4x^2+12x+9} = \dfrac{2x+1}{4x+6} - \dfrac{x+1}{4x}$

c) $\dfrac{1}{x+3} + \dfrac{1}{x-3} = \dfrac{6}{x^2-9}$

d) $\dfrac{3x}{x-2} = \dfrac{2x+7}{x+3} + \dfrac{6}{x-2}$

e) $\dfrac{2x}{x-4} + \dfrac{3x}{x+4} = \dfrac{4(x^2-x+4)}{x^2-16}$

f) $\dfrac{3x^2+25}{x^2-25} + \dfrac{5-x}{5+x} = \dfrac{2x}{x-5}$

17. Vereinfachen Sie folgende Ausdrücke:

a) $\dfrac{\dfrac{2x^2 + x}{3x - 2}}{\dfrac{2x + 1}{6x - 4}}$

b) $\dfrac{\dfrac{x - 1}{x + 1} - \dfrac{x + 1}{x - 1}}{\dfrac{2}{x - 1} - \dfrac{1}{x + 1}}$

c) $\dfrac{\dfrac{1}{s^2 - 1} - \dfrac{1}{s^2}}{2 + \dfrac{1}{s - 1} - \dfrac{1}{s + 1}}$

d) $1 - \dfrac{u}{1 - \dfrac{u}{u + 1}}$

Binomische Formeln

18. Lösen Sie die Klammern auf und fassen Sie zusammen:

    a) $(a + 4b)^2 + (7a + b)(7a - b)$ b) $(8u + v)^2 - (8u - v)^2$

19. Faktorisieren Sie mit Hilfe der binomischen Formeln:

    a) $4a^2 - 24a + 36$ b) $16x^2 - 2y^2$ c) $20rs + 100r^2 + s^2$

    d) $\dfrac{25}{16} r^4 - 81 s^4$ e) $(z^2 - 1)(2z^3 - 4z)$ f) $a^2 u^2 - 2abuv + b^2 v^2$

Polynomdivision

20. a) $(3x^2 + 5x - 8) : (x - 2) = ?$

    b) $(5x^3 + 9x^2 - 3x + 7) : (x + 3) = ?$

    c) $(-x^5 + 3x^4 - 6x^3 + 9x^2 - 7x + 6) : (x^2 - x + 2) = ?$

    d) $(3x^4 + 2x^3 - x + 1) : (x^2 - 3x + 2) = ?$

    e) $(z^4 - z_o^4) : (z - z_o) = ?$

    f) $(2a^3 - 9a^2 b + 7ab^2 + 6b^3) : (a - 3b) = ?$

Potenzen, Wurzeln, Wurzelgleichungen

21. Vereinfachen Sie die folgenden Ausdrücke

    a) $\dfrac{26 \cdot 5^m - 5^m}{5^{m+2}}$ b) $\dfrac{(15x^2 y^{-3})^{-4}}{(25x^3 y^{-6})^{-2}}$ c) $\dfrac{a^n + 2a^{n-1}}{a^{n-2} + 2a^{n-3}}$

    d) $\left(\dfrac{a^2 b}{cd^3}\right)^3 : \left(\dfrac{ab^2}{c^2 d^2}\right)^4$ e) $a^{1/2} \cdot a^{2/3} \cdot a^{3/4}$ f) $\sqrt[4]{a \cdot \sqrt{a}}$

    g) $\dfrac{\sqrt[6]{a^5}}{\sqrt{a} \cdot \sqrt[3]{a}}$ h) $\dfrac{\sqrt[7]{x \cdot \sqrt[4]{x^3}}}{\sqrt[4]{x \cdot \sqrt[7]{x^3}}}$ i) $\sqrt[4]{z^5} : \sqrt[5]{z^4}$

22. Lösen Sie die Wurzelgleichungen

    a) $2 + \sqrt{3x(x - 2)} = x$ b) $1 - \sqrt{2x - 3} = x$

    c) $\sqrt{x + 1} + \sqrt{1 - 3x} = 2$ d) $\sqrt{3x + 7} - \sqrt{3x + 15} = 4$

    e) $\sqrt{2x - 5} = 1 + \sqrt{x - 3}$ f) $\sqrt{x^2 + 9a^2} = a + x$ $(a > 0, \text{const})$

23. Lösen Sie auf nach x (zulässigen y-Bereich beachten!)

    a) $y = 1 + \sqrt{x}$ b) $y = \sqrt{8x} - 2\sqrt{x}$

    c) $y = \dfrac{1}{1 - \sqrt{x}}$ d) $y = 1 - \sqrt{x^2 - 4}$

Logarithmus, Exponential- und Logarithmusgleichungen

24. Bestimmen Sie die Logarithmen

    a) $\log_2 32$ b) $\log_6 \sqrt[3]{6}$ c) $\log_3 \dfrac{1}{9}$

    d) $\log_{10} 10000$ e) $\log_a \sqrt[q]{a^p}$ f) $\ln(e^x / e^y)$

25. Zerlegen Sie möglichst weit ($a, b, c, d > 0$; $u + v > 0$)

    a) $\ln \dfrac{a^3 b^2 c}{d^4}$ b) $\ln(a^2 + a)$ c) $\ln(u^2 + 1)$ d) $\ln[(u + v)^2]$

Aufgaben 75

26. Fassen Sie zu einem Term zusammen (beliebige Log.-Basis)

 a) $\log 4 - \log 2 + \log 3$
 b) $\log(\sqrt{a}^3) - \log\sqrt{a} + \log b$

 c) $\log x + \log y - \log z$
 d) $-\dfrac{1}{2}(\log u - 3\log v)$

 e) $3\log u + \dfrac{1}{2}\log v^4 + 2\log w$
 f) $\dfrac{1}{3}\log a^{3m} - (m+1)\log a$

27. Lösen Sie auf nach x

 a) $y = \ln(1 - \dfrac{x}{2})$
 b) $y = \dfrac{1}{2}(e^{2x} - 1)$

 c) $y = \dfrac{e^x}{1 + e^x}$
 d) $y = \ln(x+1) + \ln(x-1)$

28. Lösen Sie die Gleichungen

 a) $e^{x+1} = 2$
 b) $\ln(3x-2) + 1 = 0$
 c) $e^{x-1} = e^x - 1$

 d) $e^{2x} + e^x - 2 = 0$
 e) $3^{x-2} = 2^{x+3}$
 f) $3 \cdot 5^x = 7^{x-1}$

 g) $e^x - 4e^{-x} = 0$
 h) $x\,y = 1, \quad x^{\ln y} = \dfrac{1}{e}$ (Gleichungssystem!)

 i) $\ln(3x-2) - 2\ln(2x-3) = 0$ (Definitionsbereich beachten!)

 k) $2^x + 2^{x-3} + 3^x = -2^{2+x} + 2 \cdot 3^x$ (Umformung in $a \cdot 2^x = b \cdot 3^x$!)

Ungleichungen, Beträge

29. Lösen Sie die Ungleichungen

 a) $2x + 11 > 10 - 5x$
 b) $x^2 - x > 0$
 c) $x^2 - 6x + 10 < 0$

 d) $\dfrac{x+3}{x} \geq \dfrac{x}{x+3}$
 e) $\dfrac{2x-1}{x-1} < 1$
 f) $\dfrac{4}{x} \leq 2$

30. Bestimmen Sie den Definitionsbereich der Funktionen

 a) $f_1(x) = \sqrt{x^2 + x - 2}$
 b) $f_2(x) = \ln\dfrac{x}{x-1}$

31. Bestimmen Sie die Lösungsmengen

 a) $|3 - 5x| = 2$
 b) $|4 - 2x| < 3$
 c) $|2x - 1| > 0,5$

 d) $|x + 1| = 3x - 1$
 e) $|2x - 3| = 3 \cdot |x + 5|$
 f) $5 - 2 \cdot |x - 3| \leq 6$

Summenzeichen, Binomischer Satz, Binomialkoeffizienten

32. Schreiben Sie mit dem Summenzeichen

 a) $s_a = 2 + 4 + 6 + 8 + 10 + 12$
 b) $s_b = 1 + 3 + 5 + 7 + 9$

 c) $s_c = x - \dfrac{x^3}{3!} + \dfrac{x^5}{5!} - \dfrac{x^7}{7!} + \dfrac{x^9}{9!}$
 d) $s_d = 1 - x + \dfrac{x^2}{2!} - \dfrac{x^3}{3!} + \dfrac{x^4}{4!} - \dfrac{x^5}{5!}$

33. Schreiben Sie ausführlich

 a) $\displaystyle\sum_{i=1}^{3} a_i b_i$
 b) $\displaystyle\sum_{k=0}^{5} \binom{5}{k} a^{5-k} b^k$
 c) $\displaystyle\sum_{n=0}^{4} a_n x^n$

34. a) $\displaystyle\sum_{k=-1}^{3} 2^{k-1} = ?$
 b) $\displaystyle\sum_{i=-2}^{2} \dfrac{2i+1}{4-i} = ?$
 c) $\displaystyle\sum_{m=1}^{5} \binom{5}{m-1} = ?$
 d) $\displaystyle\sum_{n=0}^{3} \dfrac{(-1)^n}{(n+1)^2} \sin\dfrac{(n+1)\pi}{2} = ?$

35. a) $\binom{10}{4} = ?$
 b) $\binom{12}{3} = ?$
 c) $\binom{11}{7} = ?$
 d) $\binom{49}{6} = ?$

36. a) $(x - 1)^7 = ?$
 b) $(u - 2v)^5 = ?$
 c) $(z + \dfrac{1}{z})^3 = ?$

AUFGABEN ZUM ABSCHNITT ÜBER ELEMENTARE FUNKTIONEN

1. Veranschaulichen Sie folgende Relationen in einem kartesischen Koordinatensystem:

   a) $y > x$ b) $|x| + |y| \leq 3$ c) $y \leq \frac{1}{2}x + 1$

   d) $\{0 \leq x \leq 3 \text{ und } -2 \leq y \leq 2\}$

2. Zeichnen Sie die Schaubilder der folgenden Funktionen:

   a) $y = \begin{cases} x+3 & -4 < x \leq -1 \\ x & -1 < x \leq 2 \\ x-3 & 2 < x \leq 5 \end{cases}$ b) $y = \begin{cases} x^2 & 0 \leq x < 1 \\ 2x-1 & 1 \leq x < 2 \\ 7 - \frac{8}{x} & 2 \leq x < 8 \end{cases}$

   c) $y = \begin{cases} x - 2n & \text{für } 2n \leq x < 2n+1 \\ -x + 2n + 2 & \text{für } 2n+1 \leq x < 2n+2 \end{cases}$ $n = 0, 1, 2, \ldots$

3. Geben Sie für folgende Funktionen jeweils (maximalen) Definitionsbereich und Wertebereich an. Welche der Funktionen sind gerade oder ungerade?

   a) $y = x^2 + 2$ b) $y = x^3 - 2x$ c) $y = \frac{1}{x}$

   d) $y = \frac{1}{(x-1)^2}$ e) $y = \frac{1}{x^2 + 1}$ f) $y = \frac{x-1}{x+2}$

   g) $y = \sqrt{x-4} + 2$ h) $y = \sqrt{1 - x^2}$ i) $y = 2 - \sqrt{x^2 - 16}$

   j) $y = 2 - 3\cos 2x$ k) $y = x - 2\sin x$ l) $y = \ln(x+3)$

   m) $y = \ln(5 - 2x)$ n) $y = -4 + e^x$ o) $y = 1 - e^{-x}$

4. Bestimmen Sie die Achsenschnittpunkte der Funktionen

   a) $y = \frac{x^2 - 1}{x^2 + 1}$ b) $y = \frac{1}{1 + x^2}$ c) $y = x^2(2x + 1)$

5. Welche der Funktionen sind nach oben, welche nach unten beschränkt? Welche sind beschränkt? Skizzieren Sie die Schaubilder!

   a) $y = \frac{1}{x}$, $x > 0$ b) $y = 4 - \frac{6}{x}$, $x \geq 1$

   c) $y = 3^x$, $-\infty < x < \infty$ d) $y = 1 - 2\sin x$, $-\infty < x < \infty$

6. Ermitteln Sie die Umkehrfunktion $y = f^{-1}(x)$.

   a) $f(x) = 4x + 2$ b) $f(x) = \frac{1}{x}$ c) $f(x) = \frac{x+1}{x-2}$

7. Gegeben sei die Funktion $f(x) = \frac{1+x}{2-x}$. Bilden Sie:

   a) $f(3t)$ b) $f(x-1)$ c) $f(2x^2)$

   d) $f(\frac{1}{x})$ e) $f(\cos u)$ f) $f(\frac{x-1}{x})$

8. Bilden Sie die zusammengesetzten Funktionen $f[g(x)]$ und $g[f(x)]$:

   a) $f(x) = \sqrt{x^2 + 1}$, $g(x) = \frac{x}{x-1}$

   b) $f(x) = x - 2$, $g(x) = \frac{1}{3}x + 2$ Geben Sie jeweils den Definitionsbereich an!

   c) $f(x) = x^2$, $g(x) = 2x - 1$

Aufgaben   77

9. Bestimmen Sie die Schnittpunkte der Kurven:

   a) $y = 2x + 3$
   $2y + x = 1$

   b) $y = 1 + \dfrac{1}{x}$
   $y = x$

   c) $x^2 - 5x - y + 4 = 0$
   $y = x + 1$

   d) $y = \dfrac{1}{2}x^3 - \dfrac{5}{2}x^2 + 2x$
   x - Achse

10. Zeichnen Sie die Schaubilder der quadratischen Funktionen

    a) $y = (x + 3)^2$
    b) $y = (x + 3)^2 - 2$
    c) $y = (x - 1)^2 + 1$

    Wie entstehen diese Parabeln aus der Normalparabel $y = x^2$?

11. Bringen Sie folgende Funktionsgleichungen auf die Form $y - y_o = a(x - x_o)^2$.
    Welche Bedeutung haben der Punkt $P_o(x_o/y_o)$ und der Koeffizient a ?

    a) $y = x^2 - 6x + 10$
    b) $y = 4 - x + \dfrac{1}{4}x^2$

    c) $y = -\dfrac{1}{2}x^2 + 2x - 2$
    d) $y = 2x^2 + 6x$

12. Bestimmen Sie die Gleichung der Parabel durch die Punkte

    a) $(0/-2)$, $(1/2)$, $(3/-8)$
    b) $(2/0)$, $(4/0)$, $(3/-1)$

    c) $(-2/2)$, $(4/2)$, $(0/-2)$
    d) $(2/5)$, $(4/4)$, $(-2/1)$

    Wo liegen jeweils der Scheitel und die Schnittpunkte mit den Koordinaten-achsen ?

13. Zerlegen Sie $f(x) = 2x^3 + 4x^2 - 26x + 20$ in Linearfaktoren.

14. Für welchen Wert von c geht die kubische Parabel $y = 2x^3 + 2x^2 - 12x + c$
    durch den Punkt $(0/0)$? Bestimmen Sie die weiteren Nullstellen.

15. Bestimmen Sie $f(a+1) - f(a-1)$ für die Funktion $f(x) = 4x - x^2$.

16. Wie lautet die Gleichung der Schar aller kubischen Parabeln mit den Null-stellen $x_1 = -2$, $x_2 = 1/2$, $x_3 = 5$? Welche dieser Kurven geht durch $(1/4)$?.

17. Berechnen Sie das Polynom $g(x)$, für das gilt
    $$x^4 - 3x^3 + 6x - 4 = (x^2 - 2) \cdot g(x)$$

    Wie lautet die Linearfaktorzerlegung der linken Seite dieser Gleichung ?

18. Eine Hängebrücke hat die Form einer
    Parabel. Die Aufhängepunkte A und B
    liegen in gleicher Höhe und haben den
    Abstand $d = 10\,m$. Der maximale Durch-
    hang beträgt $h = 4\,m$.

    Wie lautet die Gleichung der Parabel
    im skizzierten Koordinatensystem ?
    (Einheit 1 m)

19. Gegeben ist die Funktion $y = \ln\dfrac{x + 1}{2}$. Ermitteln Sie die Umkehrfunktion
    und skizzieren Sie die beiden Funktionen in einem gemeinsamen Koordinaten-system.

20. Bestimmen Sie b so, daß das Schaubild der Funktion $y = 3\,b^x$ durch den
    Punkt $P(-2/12)$ geht.

21. Das Schaubild der Funktion $y = 4^x$ soll gespiegelt werden

    a) an der y-Achse   b) an der x-Achse   c) an der 1. Winkelhalbierenden

    Wie lauten jeweils die Funktionsgleichungen?

22. Beim Einschalten von Gleichströmen in Stromkreisen mit Selbstinduktion treten Funktionen des folgenden Typs auf:

$$f(t) = A (1 - e^{-kt}) \qquad A > 0, \ k > 0 \quad \text{konstant}$$

    Diskutieren Sie diese Funktionen für $t \geq 0$. Für welche Werte von t erreicht f(t) die Werte $0,5\,A$; $0,9\,A$? Skizze für $A = 4$, $k = 0,5$.

23. Das Gesetz des radioaktiven Zerfalls lautet

$$n = n_0 \cdot e^{-\lambda t} \ ; \qquad n_0 \ldots \text{Zahl der Atome zur Zeit } t = 0$$

                                $n \ldots$ Zahl der noch nicht zerfallenen Atome zur Zeit t

                                $\lambda \ldots$ Zerfallskonstante, Dimension $[\text{Zeit}]^{-1}$

    a) Ermitteln Sie die <u>Halbwertszeit</u> T_H , in der die Zahl der anfangs vorhandenen Atome durch Zerfall auf die Hälfte abgenommen hat.

    b) Nach welcher Zeit, ausgedrückt in Halbwertszeiten, sind von dem radioaktiven Stoff nur noch 25%, 5%, 1% vorhanden?

    c) Berechnen Sie die Zerfallskonstanten für folgende radioaktiven Stoffe:

Element	Radon $^{222}_{86}$Rn	Radium $^{226}_{88}$Ra	Uran $^{238}_{92}$U
Halbwertszeit	3,8 Tage	1 580 Jahre	$4,5 \cdot 10^9$ Jahre

24. Skizzieren Sie ausgehend vom Schaubild der ln-Funktion die Bilder von

    a) $f_1(x) = \ln (x^2)$ b) $f_2(x) = (\ln x)^2$

25. Ermitteln Sie Nullstellen und Pole der folgenden Funktionen. Skizzieren Sie die Schaubilder mit Hilfe der Achsenschnittpunkte und der Asymptoten.

    a) $\dfrac{x-1}{x+1}$ b) $\dfrac{x-3}{x^2+1}$ c) $\dfrac{x^2-4}{x-2}$

    d) $\dfrac{x^3-x^2-x+1}{x-1}$ e) $\dfrac{2x^2-11x+15}{x^2-6x+9}$ f) $\dfrac{x^2+3x+5}{x+1}$

    g) $\dfrac{|x|}{x-2}$ h) $\dfrac{2}{|x|} - 1$ i) $\dfrac{x+2}{|x-1|}$

26. Skizzieren Sie die Schaubilder der Funktionen unter Verwendung der Achsenschnittpunkte und des asymptotischen Verhaltens.

    a) $f_1(x) = \dfrac{x^2+1}{x-1}$ b) $f_2(x) = \dfrac{x^3}{6x-12}$

27. Wie lautet die Gleichung der einfachsten gebrochenrationalen Funktion mit den Nullstellen $x_1 = -2$, $x_2 = 2$ und der Asymptoten $x = 4$, deren Schaubild durch $P(1/2)$ geht? Welche schiefe Asymptote hat die Kurve?

28. Gesucht ist die Gleichung der echt gebrochenrationalen Funktion, die genau eine Nullstelle bei $x = 2$ und genau einen doppelten Pol (Pol 2. Ordnung) bei $x = -3$ hat, und deren Schaubild die y-Achse bei $y = -1$ schneidet.

29. Zeichnen Sie die Schaubilder der folgenden Funktionen

    a) $y = x(2 - x)$ b) $y = |x(2 - x)|$ c) $y = |x| \cdot (2 - x)$ d) $y = x \cdot |2 - x|$

Aufgaben 79

30. Zeichnen Sie die Schaubilder der Funktionen. Wie lauten die zugehörigen betragsfreien Gleichungen?

a) $y = \frac{1}{2}|x-1|$ b) $y = 2 - |x|$ c) $y = |x+1| + |x-1|$

d) $y = x + |x|$ e) $y = |x^2 - 4x + 3|$ f) $y = \frac{x}{|x|}$

31. Skizzieren Sie die Schaubilder der Funktionen; untersuchen Sie dazu gegebenenfalls maximalen Definitionsbereich, Symmetrie, Schnittpunkte mit den Koordinatenachsen und asymptotisches Verhalten.

a) $y = 2x^3 - 5x^2 + x + 2$ b) $y = \frac{x-1}{x+1}$ c) $y = \frac{1}{1+x^2}$

d) $y = \frac{1}{1-x^2}$ e) $y = \frac{x^2}{(x+1)^2}$ f) $y = \frac{x^3}{x^2-1}$

g) $y = \sqrt{1-x}$ h) $y = \sqrt{2x-3}$ i) $y = -\sqrt{x^2-1}$

j) $y = (\sqrt{1-x^2})^{-1}$ k) $y = e^{(x-2)}$ l) $y = e^{-|x|}$

m) $y = e^{-x^2}$ n) $y = e^{-x+1} - 1$ o) $y = \ln(x-1)$

p) $y = \ln(4-x^2)$ q) $y = \ln|x|$ r) $y = \ln|x^2-1|$

AUFGABEN ZUR TRIGONOMETRIE

1. a) Ein gerades Straßenstück der Länge L = 320 m steigt unter $\alpha = 7,5°$ an. Wie lang ist es auf einer Karte mit dem Maßstab 1:25 000?

   b) Ein gerades Straßenstück der Länge L = 600 m hat ein Gefälle von 12%. Wie lang ist es auf einer Karte mit dem Maßstab 1:50 000?

2. a) Wie lang ist der Schatten eines senkrecht auf einer Ebene stehenden Stabs der Länge h = 2 m, wenn die Sonnenhöhe (= Winkel der Sonnenstrahlen gegen die Horizontale) $\alpha = 37,5°$ beträgt?

   b) Welchen Winkel bildet in einem Würfel die Raumdiagonale mit der Grundfläche?

   c) Wie groß ist der Böschungswinkel eines kreiskegelförmigen Sandhaufens mit Seitenlinie 1,8 m und Grundkreisdurchmesser 2,9 m?

3. Gesucht sind die fehlenden Seiten und Winkel sowie die Fläche des gleichschenkligen Dreiecks mit $a = b$, $\alpha = \beta$:

   a) $a = 93,5$ mm; $\gamma = 78,6°$

   b) $a = 51,4$ mm; $h_c = 43,8$ mm

   c) $h_c = 5,80$ cm; $\alpha = 72,2°$

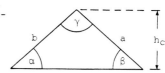

4. Wie groß sind Flächeninhalt und Basis eines gleichschenkligen Dreiecks ($a = b$, $\alpha = \beta$), von dem h_c und γ bekannt sind?

5. Eine horizontal verlaufende Straße führt in gerader Linie zu einem Turm. Von der Plattform des Turmes aus sieht man die Kilometersteine 3,2 und 3,3 unter den Tiefenwinkeln (= Winkel gegen die Horizontale) $\alpha = 22,51°$ und $\beta = 39,14°$. Wie hoch ist der Turm, und wie weit ist er von dem ihm näher gelegenen Kilometerstein entfernt?

6. Berechnen Sie die fehlenden Seiten und Winkel des Dreiecks ABC:

   a) $a = 527{,}60$ $b = 378{,}50$ $\alpha = 76°56'$

   b) $a = 59{,}50$ $c = 47{,}70$ $\gamma = 40{,}70°$

   c) $a = 12{,}40$ $c = 14{,}80$ $\beta = 39{,}80°$

   d) $a = 9{,}22$ $b = 11{,}80$ $c = 13{,}80$

   e) $a = 1{,}80$ $\beta = 42{,}40°$ $\gamma = 71{,}50°$

7. Gegeben ist das Dreieck $\triangle ABC$ mit den Seiten $a = 6$, $c = 7$ und dem Flächeninhalt $A = 10$. Wie groß ist der Winkel β?

8. Ein Eisenbahngleis soll um den Winkel $\alpha = 30°$ von der ursprünglichen Richtung abbiegen.

   a) Wie lang ist die Mittellinie des dazu erforderlichen Kreisbogens, wenn sein Radius $R = 450\,\text{m}$ beträgt?

   b) Wie groß ist der Längenunterschied zwischen den beiden Schienenbögen bei einer Spurweite von $S = 1{,}435\,\text{m}$?

   c) Wie groß ist die zwischen den Schienen liegende Fläche des Bogens?

9. Um die Höhe h eines Turmes zu bestimmen, der auf einem Berg steht, mißt man die in der Figur angegebenen Winkel α, β und γ.

   Wie hoch ist der Turm für die Zahlenwerte: $\alpha = 21°$, $\beta = 46°$, $\gamma = 26°$, $a = 40\,\text{m}$?

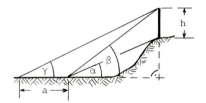

10. An den Kreissektor A M B mit Radius r und Mittelpunktswinkel x (Bogenmaß!) sei in B die Tangente BC gezogen. Bei welchem Winkel x wird die Fläche des rechtwinkligen Dreiecks MBC vom Bogen AB halbiert? Zeigen Sie, daß für x die Gleichung $2x = \tan x$ gelten muß.

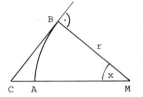

11. Ein Kreissektor mit dem Mittelpunktswinkel x setzt sich zusammen aus einem Kreisabschnitt und einem gleichschenkligen Dreieck. Zeigen Sie, daß für x die Gleichung $x = 3 \sin x$ gelten muß, falls die Fläche des Kreisabschnitts doppelt so groß ist wie die Fläche des gleichschenkligen Dreiecks.

12. Ein Punkt P hat vom Mittelpunkt eines Kreises den Abstand a; der Durchmesser des Kreises ist 2r. Welchen Winkel α schließen die von P an den Kreis gelegten Tangenten ein? Zahlenwerte: $a = 26\,\text{cm}$, $2r = 38\,\text{cm}$.

13. Zwei Läufer A und B starten gleichzeitig mit der Geschwindigkeit $400\,\text{m/min}$ vom gleichen Punkt eines Kreises mit Radius $900\,\text{m}$. A läuft auf den Kreismittelpunkt zu, B läuft auf dem Kreisumfang. Wie weit sind A und B nach einer Minute voneinander entfernt?

14. Auf einem Lochkreis von $200\,\text{mm}$ Durchmesser sollen 9 gleichmäßig verteilte Bohrlöcher angerissen werden. Welchen Abstand a haben die Mittelpunkte der Bohrlöcher?

15. Wie lang ist die gemeinsame Sehne zweier Kreise mit den Radien $r_1 = 5$ cm und $r_2 = 8$ cm, deren Mittelpunkte den Abstand $a = 10$ cm haben?

16. a) In einem Kreis mit Radius $r = 1,24$ m ist der Mittelpunktswinkel $\alpha = 47,3°$. Bestimmen Sie die Länge der zugehörigen Sehne s und den Abstand a der Sehne vom Kreismittelpunkt.

    b) Berechnen Sie den Mittelpunktswinkel α und die Bogenlänge b eines Kreissektors mit dem Radius $r = 5,2$ cm und der Sehne $s = 7,4$ cm.

17. Drei Kreise mit den Radien $r_1 = 5$ cm, $r_2 = 4$ cm, $r_3 = 3$ cm berühren sich gegenseitig von außen. Wie groß ist das Flächenstück zwischen den drei Kreisen?

18. Zwei Riemenscheiben haben die Radien $r_1 = 35,4$ cm und $r_2 = 14,6$ cm; ihr Mittelpunktsabstand ist $a = 1,45$ m. Wie lang muß der Riemen sein, wenn sich die Scheiben a) gleichsinnig, b) gegensinnig drehen sollen?

19. Ein auf eine Glasplatte fallender Lichtstrahl wird zum Teil durch diese gebrochen und dadurch von seiner ursprünglichen Richtung um $\delta = 15°$ abgelenkt.

    Wie groß ist sein Einfallswinkel α, wenn der Brechungsindex $n = \sin\alpha / \sin\beta = 1,52$ beträgt?

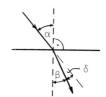

20. Skizzieren Sie folgende Funktionen
    a) $y = \sin x$,   b) $y = |\sin x|$,   c) $y = \sqrt{\sin x}$,   d) $y = \sin^2 x = (\sin x)^2$

21. Bestimmen Sie die Nullstellen der folgenden Funktionen. An welchen Stellen nehmen die Funktionen ihre Extremwerte ± 1 an?
    a) $y = \sin \frac{1}{x}$ b) $y = \sin(x^2)$

22. Bestimmen Sie die Winkel im Bereich von $0°$ bis $360°$:
    a) $\sin\alpha = 0,442$ b) $\sin\beta = -0,8$ c) $\cos\gamma = 0,4$ d) $\cos\delta = -0,135$
    e) $\tan\varepsilon = 1,5$ f) $\tan\zeta = -0,432$ g) $\cot\eta = 0,85$ h) $\cot\theta = -0,2$

23. Gesucht sind sämtliche Lösungen folgender Gleichungen (im Bogenmaß):
    a) $\sin x = 0,5$ b) $\tan x = \sqrt{3}$ c) $\cos x = -\sqrt{3}/2$

24. Bestimmen Sie die Lösungen im Intervall $0° \leq \alpha \leq 360°$:
    a) $\cos\alpha = 0,5$ und $\sin\alpha < 0$ b) $\sin\beta = \sqrt{3}/2$ und $\tan\beta < 0$
    c) $\tan\gamma = -2$ und $\cos\gamma > 0$ d) $\sin\delta = -0,4$ und $\cos\delta > 0$

25. Gegeben ist die Funktion $f(x) = \cos(x+1)$. An welchen Stellen $x \in [0; 2\pi]$ ist $f(x) = -0,75$?

26. Gegeben ist die Funktion $y = f(x) = 2 - 3\cos(2x - \frac{\pi}{3})$
    a) Bestimmen Sie Maximum und Minimum von $f(x)$.
    b) Für welche x-Werte nimmt $f(x)$ den Wert 2 an?
    c) Wo liegen die Nullstellen der Funktion?

27. a) Stellen Sie $\sin x$ und $\cos x$ dar in Abhängigkeit von $\tan x$. Verwenden Sie dazu die Grundformeln $\sin^2 x + \cos^2 x = 1$, $\tan x = \dfrac{\sin x}{\cos x}$.

   b) Gegeben ist $\tan x = 0,4$. Welche Werte ergeben sich für $\sin x$, $\cos x$ und $\cot x$
   b1) im 1. Quadranten,   b2) im 3. Quadranten?

28. Vereinfachen Sie die Ausdrücke ($0 \le x < \frac{\pi}{2}$):

   a) $\dfrac{\sin 2x}{\cos x}$

   b) $\cos^4 x - \sin^4 x$

   c) $\cos x \sqrt{1 + \tan^2 x}$

   d) $\dfrac{\sin^4 x - \cos^4 x}{\sin^2 x - \cos^2 x}$

   e) $\sin x - \sin x \cos^2 x$

   f) $\dfrac{1}{1 + \sin x} + \dfrac{1}{1 - \sin x}$

   g) $\sin x \cdot \tan x + \cos x - \dfrac{1 - \sin 2x}{\cos x}$

   h) $\dfrac{\sin(45° + \alpha) + \sin(45° + 3\alpha)}{2\sin(45° + 2\alpha)}$

   i) $\sin(\beta + 75°) \cdot \cos(\beta - 75°) - \cos(\beta + 75°) \cdot \sin(\beta - 75°)$

29. Formen Sie um mit Hilfe der Additionstheoreme:

   a) $\cos(\frac{7}{2}\pi - \frac{x}{2})$

   b) $\sin(x - \frac{\pi}{3}) + \sin(x + \frac{\pi}{3})$

   c) $\sin(\frac{\pi}{6} + x) + \cos(\frac{\pi}{3} + x)$

   d) $\cos(x + y) + \cos(x - y)$

30. Lösen Sie auf nach x:

   a) $\sin 3x = 1$

   b) $\sin(2x + \frac{\pi}{9}) = \frac{1}{2}$

   c) $\tan[\frac{1}{2}(x - \frac{\pi}{2})] = \sqrt{3}$

   d) $\sin 3x + \cos 3x = 0$

   e) $\cos(3x - \frac{\pi}{5}) = \cos(x + \frac{\pi}{3})$

31. Lösen Sie die trigonometrischen Gleichungen (im Bogenmaß):

   a) $2\sin^2 x - 2\cos x = 2$

   b) $\sin 2x + 3\sin x - 2\tan x = 0$

   c) $\cos 2x + \sin^2 x - \cos x + 1 = 0$

   d) $2\sin x \cos x - 2\cos x + \sin x - 1 = 0$

   e) $\sin 4x \cot 2x - 4\cos 2x = 2$

   f) $\cos x \cos 2x - 2\sin x \sin 2x = 0$

   g) $5\sin^2 x = 3\sin x + \cos^2 x$

   h) $10\sin x + 4\cos x - 9 = 0$

   i) $\tan^2 x + \cos^2 x - \sin^2 x = 1$

   j) $10\sin^2 x - 15\sin x \cos x - 5\cos^2 x = 7$

   k) $\sin x - 3\cos x = \frac{1}{2}$

   l) $3\sin x - \sqrt{4 + 3\cos^2 x} = 4$

32. Wo liegen die Nullstellen der folgenden Funktionen?

   a) $f(x) = 6\cos^2 x + \sin x - 5$

   b) $f(x) = 4\cos^2 x - \sin^2 x$

33. Bestimmen Sie die Periode der folgenden Funktionen:

   a) $y = 3,5\cos(1,5x)$

   b) $y = 2\sin(x - \frac{5\pi}{6})$

   c) $y = \cos x + \sin\frac{3}{4}x$

   d) $y = \dfrac{\sin x}{2 + \cos 3x}$

   e) $y = \dfrac{\sin x}{x}$

   f) $y = \sin x \cos 2x$

34. Schreiben Sie die Funktionen als Cosinus-Funktionen mit positivem Amplitudenfaktor und einer entsprechenden Phasenverschiebung:

   a) $y = -2\cos x$

   b) $s = -3\sin(20t - \frac{\pi}{6})$

   c) $i = 0,4\sin(t + \frac{2\pi}{3})$

35. Welche Sinusfunktion hat die Amplitude 0,75, die Periode 2 und die Verschiebung einer Achtelperiode nach links?

Aufgaben 83

36. Skizzieren Sie folgende Funktionen:

a) $y = \sin(x + \frac{\pi}{4})$ b) $y = 2\sin(x + \frac{\pi}{4})$ c) $y = \sin(2x + \frac{\pi}{4})$

d) $y = \sin 2(x + \frac{\pi}{4})$ e) $y = 1 - \cos(2x - \frac{\pi}{3})$ f) $y = 2\cos(x + \frac{2\pi}{3}) - 1$

37. Bei einem Wechselstrom mit Maximalwert 5 Ampère und der Frequenz 50 Hz beginnt zur Zeit $t = 0$ die positive Halbperiode. Nach welcher Zeit $t_1 > 0$ erreicht der Strom zum ersten Mal 80 % seines Maximalwertes?

38. Gegeben sind zwei Schwingungen durch die Gleichungen $y_1 = 5\cos x$ und $y_2 = 4\sin x$. An welchen Stellen $x \in [0, 2\pi]$ tritt in der Überlagerungsschwingung $y = y_1 + y_2$ die Auslenkung $a = 3$ auf?

AUFGABEN ZUR ANALYTISCHEN GEOMETRIE

1. Gegeben sind die Punkte $A(0/-2,5)$; $B(6/0)$; $C(3/4)$; $D(-3/1,5)$.

   a) Ermitteln Sie Seiten- und Diagonalenlängen des Vierecks ABCD. Um was für ein Viereck handelt es sich?

   b) Geben Sie die Geradengleichungen der Diagonalen an. Welche Koordinaten hat der Diagonalenschnittpunkt?

2. a) Welche Punkte der x-Achse haben von $A(2,5/6)$ die Entfernung 6,5?

   b) Welcher Punkt der y-Achse hat von $O(0/0)$ und $A(4/8)$ gleichen Abstand?

3. Gegeben sind die Punkte $A(-2/3)$ und $B(2/-1)$. Wie lautet die Gleichung der Geraden

   a) durch A und B? Wie groß sind die Achsenabschnitte?

   b) durch A mit Steigung $\frac{1}{2}$?

   c) durch B, die mit der positiven x-Achse den Winkel 120° bildet?

   d) durch B, die denselben y-Achsenabschnitt hat wie die Gerade mit der Gleichung $3x - 2y + 4 = 0$?

4. Gegeben sind der Punkt $A(-2/5)$ und die Gerade g mit der Gleichung $2x - y = 0$.

   a) Wie lautet die Gleichung der Geraden, die durch A geht und
   a1) zu g parallel ist;   a2) senkrecht steht auf g?

   b) Wie lautet die Gleichung aller Geraden durch A?

5. Wie lauten die Gleichungen der Seiten des Dreiecks ABC mit $A(-2/-3)$, $B(6/1)$, $C(0/3)$? Woran erkennt man, daß das Dreieck rechtwinklig ist?

6. $A(?/6)$ und $B(?/-2)$ sind Punkte auf der Gerade $2x + y - 6 = 0$. Die Gerade senkrecht zu OB durch A schneidet die Gerade OB im Punkt H_A. Bestimmen Sie

   a) die Gleichung der Geraden AH_A;

   b) die Höhe $h_a = \overline{AH_A}$ des Dreiecks OAB;

   c) den Winkel $\alpha = \sphericalangle (H_A AB)$

7. Wie lautet die Gleichung der Geraden mit positiver Steigung durch $P(4/3)$, die mit den Koordinatenachsen ein Dreieck vom Inhalt $A = 3$ bildet?

84 Aufgaben

8. Bestimmen Sie die Gleichung der Geraden, die durch P(-2/3) geht und die Gerade $y = 2x - 5$ unter $45°$ schneidet. Welche Koordinaten hat der Schnittpunkt?

9. Bestimmen Sie den Winkel zwischen den Geraden g und h:

a) g: $y = 2x - 3$; h: $y = \frac{1}{2}x + 1$ b) g: $2x + y = 0$; h: $3x - y - 4 = 0$

c) g: $3x + 2y = 0$; h: $6x + 4y - 9 = 0$ d) g: $\frac{x}{a} + \frac{y}{b} = 1$; h: $\frac{x}{b} + \frac{y}{a} = 1$

10. Gegeben sind die Gerade g: $x + 2y - 4 = 0$ und der Punkt A(5/7). Die zu g senkrechte Gerade durch A schneidet g in B. Bestimmen Sie die Koordinaten
a) des Punktes B;   b) des Spiegelbildes C von A bezüglich g.

11. Liegen die Punkte A(3/5), B(2/7), C(-1/-3), D(-2/-6) auf oder über oder unter der Gerade g mit der Gleichung $y = 2x - 1$?

12. Skizzieren Sie die Gebiete in der x,y-Ebene, deren Punkte folgende Ungleichungen erfüllen:

a) $y < 2 - x$; $x > -2$; $y > -2$ b) $\frac{x}{4} + \frac{y}{2} \leq 1$; $y \geq x + 2$; $x \geq -4$

13. Bestimmen Sie Mittelpunkt M und Radius r der Kreise:

a) $x^2 + y^2 - 6x + 4y - 23 = 0$ b) $4x^2 + 4y^2 + 20x - 28y + 10 = 0$

c) $2x^2 + 2y^2 + 14y = 0$

14. Diskutieren Sie die allgemeine Form der Kreisgleichung

$$Ax^2 + Ay^2 + Bx + Cy + D = 0 \quad \text{mit} \quad A \neq 0$$

15. Bestimmen Sie die Gleichung des konzentrischen Kreises zum Kreis K

K: $5x^2 + 5y^2 + 24x - 32y - 9 = 0$, der

a) die x-Achse berührt;   b) durch O geht;   c) durch P(1/2) geht.

16. Bestimmen Sie Länge und Mittelpunkt der Sehne, die der Kreis $x^2 + y^2 - 4x = 0$ von der Geraden $x + y = 4$ abschneidet.

17. Stellen Sie die Gleichungen der Tangenten auf, die vom Koordinatenursprung an den Kreis K: $x^2 + y^2 - 8x - 4y + 16 = 0$ gelegt werden können.

18. a) Bestimmen Sie die Bahngleichung des Punktes P(x/y), der bei seiner Bewegung immer dreimal so weit vom Punkt A(0/9) entfernt ist wie vom Punkt B(0/1).

b) Der Punkt P(x/y) bewegt sich so, daß die Summe der Quadrate seiner Abstände vom Ursprung und vom Punkt A(a/0) stets a^2 ist. Wie lautet die Gleichung der Bahnkurve von P?

19. a) Zeigen Sie, daß der Punkt A(3/0) im Innern des Kreises

$x^2 + y^2 - 4x + 2y + 1 = 0$ liegt.

b) Stellen Sie die Gleichung der Sehne auf, die durch A halbiert wird.

20. Berechnen Sie die Schnittpunkte der beiden Kreise K_1 und K_2:

a) K_1: $x^2 + y^2 = 25$; K_2: $(x + 1)^2 + (y - 3)^2 = 9$

b) K_1: $x^2 + y^2 + 2x - 4y - 4 = 0$; K_2: $4x^2 + 4y^2 + 12x - 12y - 3 = 0$

Aufgaben 85

21. Bestimmen Sie die Kreise um $M(1/2)$, die den Kreis mit Radius $r_0 = 3$ um $M_0(5/5)$ berühren. Welche Koordinaten haben die Berührpunkte?

22. Dem aus den Geraden $y = -6$; $y = 6$; $x = -7$; $x = 7$ gebildeten Rechteck soll eine Ellipse umschrieben werden, wobei die Brennpunkte in der Mitte der kurzen Seiten des Rechtecks liegen. Wie lautet die Gleichung der Ellipse?

23. Bestimmen Sie die Gleichung der Ellipse, deren Achsen zu den Koordinatenachsen parallel sind, und die die x-Achse in $P_1(4/0)$, $P_2(8/0)$ und die y-Achse in $P_3(0/1)$, $P_4(0/3)$ schneidet.

24. Ein Ellipsenpunkt P (im 1. Quadranten) hat von den Brennpunkten der Ellipse ($\pm\sqrt{7}/0$) die Abstände $r_1 = 3$ und $r_2 = 5$. Wie lautet die Gleichung der Ellipse? Welche Koordinaten hat P?

25. Welche der folgenden Geraden schneidet die Ellipse mit der Gleichung $10x^2 + 4y^2 = 120$? Bestimmen Sie gegebenenfalls die Koordinaten der Schnittpunkte. Skizze!
    a) $y + x - 5 = 0$ b) $3x - 2y - 20 = 0$

26. Bestimmen Sie Lage und Halbachsen der Hyperbel $\dfrac{(y+2)^2}{16} - \dfrac{(x+1)^2}{4} = 1$. Skizzieren Sie die Hyperbel!

27. Ermitteln Sie die Gleichung der Hyperbel mit Mittelpunkt $M(1/-1)$, Scheitel $S_1(5/-1)$, die durch $P(6/2)$ geht.

28. Von einer Hyperbel kennt man die Asymptoten $y = \pm\dfrac{2}{3}x$ und den Punkt $P(2/1)$. Wie lautet die Gleichung der Hyperbel?

29. Bestimmen Sie a so, daß der Mittelpunkt der Hyperbel $y = \dfrac{2x-3}{3x-a}$ auf der Normalparabel $y = x^2$ liegt.

30. Bestimmen Sie Scheitel, Parameter und Achsenrichtung der Parabeln:
    a) $2y^2 - 9x + 12y = 0$ b) $x^2 + 2x - 10y + 6 = 0$

31. Die Gerade $y = x + 2$ ist Tangente an eine Parabel mit der Gleichung $y^2 = 2px$. Bestimmen Sie die Gleichung der Parabel und die Koordinaten des Tangentenberührpunkts.

32. Welche Bedingung muß b erfüllen, damit die Gerade $y = 2x + b$ die Parabel $(y - 2)^2 = x + 1$ a) schneidet,   b) berührt,   c) nicht schneidet?

33. Bestimmen Sie die Gleichung einer zur x-Achse symmetrischen Parabel, welche durch den Mittelpunkt der Hyperbel $y - 3 = \dfrac{x-2}{2x+1}$ und den Scheitel der Parabel $2y - 1 = x - x^2$ hindurchgeht.

34. a) Bestimmen Sie die Koordinaten des Scheitels S der Parabel $y = 2x^2 + 5x + 4$.

    b) Wie lautet die Gleichung der Hyperbel mit achsenparallelen Asymptoten, deren Mittelpunkt mit S übereinstimmt, und die durch $P(1/1)$ geht?

    c) Die Parabel aus a) wird an der Geraden $y = -3,5$ gespiegelt. Welche Gleichung hat die entstehende Parabel?

35. Bestimmen Sie Art der Kurve und ihre charakteristischen Kenngrößen:
    a) $9x^2 - 16y^2 - 36x - 128y - 364 = 0$ b) $x^2 + 2x - 10y + 6 = 0$
    c) $x^2 - 3y^2 + 2x + 18y - 14 = 0$ d) $4x^2 - y^2 - 8x + 6y - 5 = 0$
    e) $2x^2 + 5y^2 - 12x + 10y + 13 = 0$ f) $x^2 + y^2 - 2x + 4y + 5 = 0$

LÖSUNGEN

AUFGABEN ZUR ALGEBRA

1.a) $12,5\%$;   b) $17,50\,\text{DM}$;   c) $4\,858,96\,\text{DM}$;   d) $19,684\%$;
   e) $n = \ln 2 / \ln(1+0,01p) \Rightarrow 23,45$; $14,21$; $7,27$ Jahre

2.a) $3 \cdot 10^5$;   b) $3,7 \cdot 10^{-7}$;   c) $2,08 \cdot 10^{-12}$

3.a) $0,0000133\,\text{m}^2/\text{s}$;   b) $79\,000\,000\,000\,\text{Pa} = 8,056 \cdot 10^5\,\text{at} = 805\,600\,\text{at}$;
   c) $1\,\text{J} = 2,3885 \cdot 10^{-4}\,\text{kcal} = 0,00023885\,\text{kcal}$

4.a) $3 \cdot 10^{10}\,\text{cm/s} = 3 \cdot 10^8\,\text{m/s} = 3 \cdot 10^5\,\text{km/s} = 1,8 \cdot 10^{10}\,\text{m/min} = 1,8 \cdot 10^7\,\text{km/min}$
   $= 1,08 \cdot 10^9\,\text{km/h}$;   b) $9,4608 \cdot 10^{17}\,\text{cm}$;   c) $7,2 \cdot 10^{21}$

5.a) -1, -5 ;   b) -3 ;   c) $-$;   d) 0, 2 ;   e) -1, 3 ;   f) $0,4$, $0,8$;
   g) ± 1, 0, -2 ;   h) 0 ;   i) $0,5$, 3 .

6.a) $(x-3)(x-5)$;   b) $4(x-\frac{1}{2})^2$;   c) $18(x-\frac{1}{6})(x-\frac{1}{3})$;   d) $2(x-\frac{1}{2})(x+2)$;
   e) $(x-a)(x+2b)$

7.a) $a(x^2-x-6) = 0$, $a \neq 0$;   b) $a(x^2+2x-2) = 0$, $a \neq 0$

8.a) ± 2, ± 3 ;   b) ± 4 ;   c) $-$.   9.a) 0, -4 ;   b) $\frac{1}{2}$, $\frac{3}{2}$

10.a) $c < 9$ $(c = 9$; $c > 9)$;   b) $c < 1$ $(c = 1$; $c > 1)$.   11. $t > -5$

12.a) $\dfrac{(x-2)(x-3)}{2(x+3)(x-1)}$ b) $\dfrac{2x^2+1}{(x+2)(x-3)}$ c) $\dfrac{3(x-3)}{(x-2)}\sqrt{(x+\sqrt{8})(x-\sqrt{8})}$

13.a) 3, 7 ;   b) -1, 2 ;   c) $\emptyset$ (durch Kürzen stetig ergänzt bei -3)

14.a) $8\,\text{DM}$;   b) $5,4\%$.   15.a) $5,53\,\text{s}$ (aufwärts), $14,47\,\text{s}$ (abwärts);   b) $\dfrac{2v_0}{g} = 20\,\text{s}$

16.a) $-\frac{1}{2}$;   b) $-\frac{1}{3}$;   c) $\emptyset$;   d) -2 ;   e) $\emptyset$;   f) $\mathbb{R} \setminus \{-5, 5\}$

17.a) $2x$ $(x \neq \frac{2}{3}, -\frac{1}{2})$;   b) $-\dfrac{4x}{x+3}$ $(x \neq \pm 1, -3)$;   c) $1/(2s^4)$ $(s \neq 0, \pm 1)$;
   d) $1-u-u^2$ $(u \neq -1)$

18.a) $50\,a^2 + 8ab + 15\,b^2$;   b) $32\,uv$

19.a) $(2a-6)^2$;   b) $(4x+\sqrt{2}\,y)(4x-\sqrt{2}\,y)$;   c) $(10r+s)^2$;
   d) $(\frac{5}{4}r^2+9s^2)(\frac{\sqrt{5}}{2}r+3s)(\frac{\sqrt{5}}{2}r-3s)$;   e) $2z(z+1)(z-1)(z+\sqrt{2})(z-\sqrt{2})$;   f) $(au-bv)^2$

20.a) $3x + 11 + \dfrac{14}{x-2}$;   b) $5x^2 - 6x + 15 - \dfrac{38}{x+3}$;   c) $-x^3 + 2x^2 - 2x + 3$;
   d) $3x^2 + 11x + 27 + \dfrac{58x-53}{x^2-3x+2}$;   e) $z^3+z_0 z^2+z_0^2 z+z_0^3$;   f) $2a^2-3ab-2b^2$

21.a) 1 ;   b) $1/(81x^2)$;   c) a^2 ;   d) $(a^2c^5)/(b^5d)$;   e) $a^{23/12}$;   f) $a^{1/3}$;
   g) 1 ;   h) $x^{-3/28}$;   i) $z^{9/20}$

22.a) 2 ;   b) $\emptyset$;   c) -1, 0 ;   d) $\emptyset$;   e) 3, 7 ;   f) $4a$

23.a) $x = (y-1)^2$, $y \geq 1$;   b) $x = y^2/(12-8\sqrt{2})$, $y \geq 0$;
   c) $x = (1-\frac{1}{y})^2$, $y \geq 1$ oder $y < 0$;   d) $x = \pm\sqrt{4+(1-y)^2}$, $y \leq 1$

24.a) 5 ;   b) $\frac{1}{3}$;   c) -2 ;   d) 4 ;   e) p/q ;   f) $x-y$

25.a) $3\ln a + 2\ln b + \ln c - 4\ln d$;   b) $\ln a + \ln(a+1)$;   c) nicht weiter zerlegbar;
   d) $2\ln(u+v)$

26.a) $\log 6$;   b) $\log(ab)$;   c) $\log\dfrac{xy}{z}$;   d) $\log\sqrt{v^3/u}$;   e) $\log(u^3v^2w^2)$;
   f) $\log(1/a) = -\log a$

27.a) $x = 2(1-e^y)$;   b) $x = \frac{1}{2}\ln(2y+1)$;   c) $x = \ln\dfrac{y}{1-y}$;   d) $x = +\sqrt{1+e^y}$

Lösungen   87

28. a) $\ln 2 - 1 = -0{,}3069$;   b) $(2 + 1/e)/3 = 0{,}7893$;   c) $1 - \ln(e-1) = 0{,}4587$;
    d) 0;   e) $\frac{3\ln 2 + 2\ln 3}{\ln 3 - \ln 2} = (\ln 72)/(\ln 1{,}5) = 10{,}5476$;   f) $\frac{\ln 21}{\ln 1{,}4} = 9{,}0484$;
    g) $\ln 2 = 0{,}6931$;   h) $(e/\frac{1}{e})$, $(\frac{1}{e}/e)$;   i) $11/4$;
    k) $(\ln \frac{41}{8})/(\ln \frac{3}{2}) = 4{,}0303$
29. a) $x > -\frac{1}{7}$;   b) $(-\infty; 0) \cup (1; \infty)$;   c) $\emptyset$;   d) $(-3; -\frac{3}{2}] \cup (0; \infty)$;
    e) $0 < x < 1$;   f) $(-\infty; 0) \cup [2; \infty)$
30. a) $(-\infty; -2] \cup [1; \infty)$ b) $(-\infty; 0) \cup (1; \infty)$
31. a) $\frac{1}{5}$, 1;   b) $0{,}5 < x < 3{,}5$;   c) $\{x < \frac{1}{4}\} \cup \{x > \frac{3}{4}\}$;   d) 1;
    e) -18, $-2{,}4$;   f) $\mathbb{L} = \mathbb{R}$
32. a) $\sum_{k=1}^{6} 2k$;   b) $\sum_{k=0}^{4}(2k+1) = \sum_{n=1}^{5}(2n-1)$;   c) $\sum_{k=0}^{4}(-1)^k \frac{x^{2k+1}}{(2k+1)!}$;
    d) $\sum_{k=0}^{5}(-1)^k \frac{x^k}{k!} = \sum_{k=0}^{5}\frac{(-x)^k}{k!}$
33. a) $a_1 b_1 + a_2 b_2 + a_3 b_3$;   b) $a^5 + 5a^4 b + 10a^3 b^2 + 10a^2 b^3 + 5ab^4 + b^5 = (a+b)^5$;
    c) $a_0 + a_1 x + a_2 x^2 + a_3 x^3 + a_4 x^4$
34. a) $31/4$;   b) $61/20$;   c) 31;   d) $8/9$
35. a) 210;   b) 220;   c) 330;   d) $13\,983\,816$
36. a) $x^7 - 7x^6 + 21x^5 - 35x^4 + 35x^3 - 21x^2 + 7x - 1$;
    b) $u^5 - 10u^4 v + 40u^3 v^2 - 80u^2 v^3 + 80uv^4 - 32v^5$;   c) $z^3 + 3z + \frac{3}{z} + \frac{1}{z^3}$

AUFGABEN ZUM ABSCHNITT ÜBER ELEMENTARE FUNKTIONEN

1. a)   b)   c)   d)

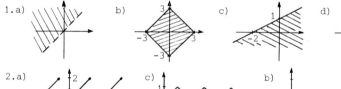

2. a)   c)   b)

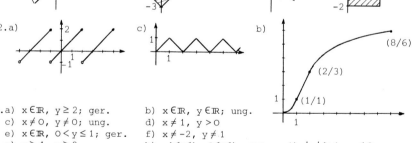

3. a) $x \in \mathbb{R}$, $y \geq 2$; ger.   b) $x \in \mathbb{R}$, $y \in \mathbb{R}$; ung.
   c) $x \neq 0$, $y \neq 0$; ung.   d) $x \neq 1$, $y > 0$
   e) $x \in \mathbb{R}$, $0 < y \leq 1$; ger. f) $x \neq -2$, $y \neq 1$
   g) $x \geq 4$, $y \geq 2$ h) $-1 \leq x \leq 1$, $0 \leq y \leq 1$; ger.   i) $|x| \geq 4$, $y \leq 2$; ger.
   j) $x \in \mathbb{R}$, $-1 \leq y \leq 5$; ger.   k) $x \in \mathbb{R}$, $y \in \mathbb{R}$; ung.   l) $x > -3$, $y \in \mathbb{R}$
   m) $x < 5/2$, $y \in \mathbb{R}$ n) $x \in \mathbb{R}$, $y > -4$ o) $x \in \mathbb{R}$, $y < 1$
4. a) $(-1/0)$, $(1/0)$, $(0/-1)$;   b) $(0/1)$;   c) $(0/0)$, $(-\frac{1}{2}/0)$
5. a) $y > 0$;   b) $-2 \leq y < 4$;   c) $y > 0$;   d) $-1 \leq y \leq 3$
6. a) $\frac{1}{4}x - \frac{1}{2}$;   b) $\frac{1}{x}$;   c) $\frac{2x+1}{x-1}$
7. a) $f(3t) = \frac{1+3t}{2-3t}$ b) $f(x-1) = \frac{x}{3-x}$ c) $f(2x^2) = \frac{1+2x^2}{2-2x^2}$
   d) $f(\frac{1}{x}) = \frac{x+1}{2x-1}$ e) $f(\cos u) = \frac{1+\cos u}{2-\cos u}$ f) $f(\frac{x-1}{x}) = \frac{2x-1}{x+1}$

88 Lösungen

8.a) $f[g(x)] = \sqrt{(\frac{x}{x-1})^2 + 1}$, $x \neq 1$; $\quad g[f(x)] = \sqrt{x^2+1}/(\sqrt{x^2+1} - 1)$, $x \neq 0$

  b) $f[g(x)] = \frac{1}{3}x$, $x \in \mathbb{R}$; $\quad g[f(x)] = \frac{1}{3}x + \frac{4}{3}$, $x \in \mathbb{R}$

  c) $f[g(x)] = (2x-1)^2$, $x \in \mathbb{R}$; $\quad g[f(x)] = 2x^2 - 1$, $x \in \mathbb{R}$

9.a) $(-1/1)$; b) $(\frac{1+\sqrt{5}}{2} / \frac{1+\sqrt{5}}{2})$, $(\frac{1-\sqrt{5}}{2} / \frac{1-\sqrt{5}}{2})$;

  c) $(3+\sqrt{6} / 4 + \sqrt{6})$, $(3 - \sqrt{6} / 4 - \sqrt{6})$; d) $(0/0)$, $(1/0)$, $(4/0)$

10. Normalparabeln mit Scheitel $S_a(-3/0)$, $S_b(-3/-2)$, $S_c(1/1)$

11.a) $y - 1 = (x-3)^2$, $S(3/1)$ $\qquad$ b) $y - 3 = \frac{1}{4}(x-2)^2$, $S(2/3)$

  c) $y = -\frac{1}{2}(x-2)^2$, $S(2/0)$ $\qquad$ d) $y + \frac{9}{2} = 2(x+\frac{3}{2})^2$, $S(-\frac{3}{2}/-\frac{9}{2})$

  <u>allg.</u>: $y - y_0 = a(x-x_0)^2$ ... Scheitel (x_0/y_0); $a > 0$ $(a < 0)$: nach oben (nach
  $\qquad$ unten) geöffnet; $|a| > 1$ $(|a| < 1)$: enger (weiter) als Normalparabel

12.a) $y = -3x^2 + 7x - 2 = -3(x-\frac{7}{6})^2 + \frac{25}{12}$; $\quad S(\frac{7}{6}/\frac{25}{12})$, $(\frac{1}{3}/0)$, $(2/0)$, $(0/-2)$

  b) $y = x^2 - 6x + 8 = (x - 3)^2 - 1$; $\quad S(3/-1)$, $(2/0)$, $(4/0)$, $(0/8)$

  c) $y = \frac{1}{2}x^2 - x - 2 = \frac{1}{2}(x-1)^2 - \frac{5}{2}$; $\quad S(1/-\frac{5}{2})$, $(1-\sqrt{5}/0)$, $(1+\sqrt{5}/0)$, $(0/-2)$

  d) $y = -\frac{1}{4}x^2 + x + 4 = -\frac{1}{4}(x-2)^2 + 5$; $\quad S(2/5)$, $(2-2\sqrt{5}/0)$, $(2+2\sqrt{5}/0)$, $(0/4)$

13.) $2x^3 + 4x^2 - 26x + 20 = 2(x-1)(x-2)(x+5)$

14.) $c = 0$, $(-3/0)$, $(2/0)$ $\qquad\qquad$ 15.) $8 - 4a$

16.) $y = a(x+2)(x-\frac{1}{2})(x-5) = a(x^3 - \frac{7}{2}x^2 - \frac{17}{2}x + 5)$; $a = -\frac{2}{3}$

17.) $g(x) = x^2 - 3x + 2$; $\quad x^4 - 3x^3 + 6x - 4 = (x+\sqrt{2})(x - \sqrt{2})(x-1)(x-2)$

18.) $y = (4h/d^2) \cdot x(x - d) = 0,16x(x-10)$

19.) $y = 2e^x - 1$ $\qquad\qquad$ 20.) $b = \frac{1}{2}$

21.a) $y = (\frac{1}{4})^x = 4^{-x}$; b) $y = -(4^x)$; c) $y = \log_4 x = \frac{1}{\ln 4} \ln x$

22.) $f(0) = 0$; $\lim\limits_{t \to \infty} f(t) = A$; $t_1 = (\ln 2)/k$, $t_2 = (\ln 10)/k$

23.a) $T_H = \frac{\ln 2}{\lambda}$; b) $t_{25\%} = 2 T_H$, $t_{5\%} = \frac{\ln 20}{\ln 2} T_H$, $t_{1\%} = \frac{\ln 100}{\ln 2} T_H$;

  c) $\lambda_{Rn} = 0,1824 \text{(Tage)}^{-1}$; $\lambda_{Ra} = 4,387 \cdot 10^{-4} \text{(Jahre)}^{-1}$; $\lambda_U = 1,540 \cdot 10^{-10} \text{(Jahre)}^{-1}$

24.a) $D_1 = \mathbb{R} \setminus \{0\}$, symm. zur y-Achse, $f_1(x) \to -\infty$ für $x \to 0$, $f_1(x) \to \infty$ für $x \to \infty$
  durch $(\pm 1 / 0)$

  b) $D_2 = (0, \infty)$, $f_2(x) \geq 0$; $f_2(x) \to +\infty$ für $x \to 0$, $f_2(x) \to \infty$ für $x \to \infty$; durch $(1/0)$

25.a) N: $x = 1$; P: $x = -1$; waagr. As.: $y = 1$; $(0/-1)$

  b) N: $x = 3$; P: - ; waagr. As.: $y = 0$; $(0/-3)$

  c) $y = x+2$ für $x \neq 2$. N: $x = -2$; P: - ; stetig ergänzbar durch $(2/4)$; $(0/2)$

  d) $y = x^2 - 1$ für $x \neq 1$. N: $x = -1$, $x = 1$ (stetig ergänzt); P: - ; $(0/-1)$

  e) $y = \frac{2(x-2,5)}{x-3}$ für $x \neq 3$. N: $x = 2,5$; P: $x = 3$ (nach Kürzen mit $x-3$ ist $x = 3$
  $\qquad$ immer noch Nenner-Nullstelle); waagr. As.: $y = 2$; $(0/\frac{5}{3})$

  f) N: - ; P: $x = -1$; schiefe As.: $y = x+2$; $(0/5)$

  g) N: $x = 0$; P: $x = 2$; waagr. As. nach rechts: $y = 1$, nach links $y = -1$

  h) N: $x = \pm 2$; P: $x = 0$ (ohne ZW); waagr. As.: $y = -1$

  i) N: $x = -2$; P: $x = 1$ (ohne ZW); waagr. As. nach rechts $y = 1$, nach links $y = -1$
  $\qquad\qquad\qquad\qquad\qquad\qquad\qquad\qquad\qquad\qquad$ durch $(0/2)$

26.a) N: - ; P: $x = 1$; schiefe As.: $y = x+1$; $(0/-1)$

  b) N: $x = 0$ dreifach (Wendepunkt mit waagr. Tangente); P: $x = 2$;
  asymptotische Näherungskurve $y = (x^2+2x+4)/6$

27.) $y = \frac{2(x+2)(x-2)}{x-4} = \frac{2x^2-8}{x-4}$; $y = 2x+8$; 28.) $y = \frac{9(x-2)}{2(x+3)^2}$

Lösungen 89

29. a) b) c) d)

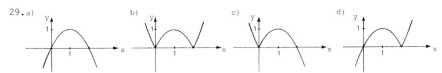

30. a) $\begin{cases} (x-1)/2 & \text{für } x \geq 1 \\ (1-x)/2 & \text{für } x < 1 \end{cases}$ b) $\begin{cases} 2-x & \text{für } x \geq 0 \\ 2+x & \text{für } x < 0 \end{cases}$

   c) $\begin{cases} -2x & \text{für } x \leq -1 \\ 2 & \text{für } -1 < x < 1 \\ 2x & \text{für } x \geq 1 \end{cases}$ d) $\begin{cases} 2x & \text{für } x \geq 0 \\ 0 & \text{für } x < 0 \end{cases}$

   e) $\begin{cases} x^2-4x+3 & \text{für } x \leq 1 \text{ oder } x \geq 3 \\ -x^2+4x-3 & \text{für } 1 < x < 3 \end{cases}$ f) $\begin{cases} 1 & \text{für } x > 0 \\ -1 & \text{für } x < 0 \end{cases}$

31. a) $x \in \mathbb{R}$; (-0,5/0), (1/0), (2/0), (0/2); von links unten nach rechts oben
    b) $x \neq -1$; (1/0), (0/-1); As. $x = -1$, $y = 1$ (rechtwinklige Hyperbel s. S. 68)
    c) $x \in \mathbb{R}$, $0 < y \leq 1$; symm. zur y-Achse; waagr. As. $y = 0$; Hochpunkt (0/1)
    d) $x \neq \pm 1$; $y < 0$ für $|x| > 1$; $y \geq 1$ für $|x| < 1$; (0/1); symm. zur y-A.; senkr. As. $x = \pm 1$ (Pol mit VZW); waagr. As. $y = 0$
    e) $x \neq -1$, $y \geq 0$; doppelte Nullst. (0/0); senkr. As. $x = -1$ (Pol ohne VZW); waagr. As. $y = 1$
    f) $x \neq \pm 1$; punktsymm. zu 0; dreifache Nullst. (0/0) = Wendepunkt mit waagr. Tangente; senkr. As. $x = \pm 1$ (Pol mit VZW); schiefe As. $y = x$ (Annäherung nach rechts von oben)
    g) $x \leq -1$; $y \geq 0$; Halbparabel S(1/0), nach links geöffnet, durch (0/1)
    h) $x \geq 1,5$; $y \geq 0$; Halbparabel S(1,5/0), nach rechts geöffnet
    i) $|x| \geq 1$; $y \leq 0$; symm. zur y-Achse; Hälfte einer Hyperbel mit As. $y = \pm x$ (Hinweis: Quadrieren, dann vgl. S. 66)
    j) $|x| < 1$; $y \geq 1$; symm. zur y-Achse; senkr. As. $x = \pm 1$; Tiefpunkt (0/1)
    k) $x \in \mathbb{R}$; $y > 0$; e^x-Kurve um 2 nach rechts verschoben
    l) $x \in \mathbb{R}$; $0 < y \leq 1$; symm. zur y-A.; waagr. As. $y = 0$; (0/1) Knick (rechtwinklig)
    m) $x \in \mathbb{R}$; $0 < y \leq 1$; symm. zur y-A.; waagr. As. $y = 0$; Hochpunkt (0/1) mit waagrechter Tangente
    Zusatz zu m und l: $e^{-x^2} > e^{-|x|}$ für $|x| < 1$; $e^{-x^2} < e^{-|x|}$ für $|x| > 1$
    n) $x \in \mathbb{R}$; $y > -1$; e^{-x}-Kurve um 1 nach rechts und um 1 nach unten verschoben
    o) $x > 1$; $\ln x$-Kurve um 1 nach rechts verschoben
    p) $|x| < 2$; symm. zur y-Achse; $(\pm\sqrt{3}/0)$; senkr. As. $x = \pm 2$; Hochpunkt (0/ ln 4)
    q) $x \neq 0$; symm. zur y-Achse; $(\pm 1/0)$; zwei Zweige: linker Zweig entsteht durch Spiegelung der $\ln x$-Kurve an der y-Achse
    r) $x \neq \pm 1$; symm. zur y-A.; $(\pm\sqrt{2}/0)$; (0/0) mit waagr. Tangente; $y \to -\infty$ für $x \to \pm 1 \mp 0$; $y \to \infty$ für $x \to \pm\infty$ (vgl. Bsp. 1 S. 36)

AUFGABEN ZUR TRIGONOMETRIE

1. a) 1,27 cm ; b) 1,19 cm
   Bemerkung: Steigung bzw. Gefälle p: $p\% = \frac{\Delta y}{\Delta x} \cdot 100\% \iff m = \tan\alpha = \frac{p}{100}$
   z.B. $100\% \iff \alpha = 45°$, $50\% \iff \alpha = 26,57°$

2. a) 2,61 m ; b) 35,26° ; c) 36,34°

3. a) $c = 118,44$ mm, $\alpha = \beta = 50,7°$; $A = 42,85$ cm^2
   b) $\alpha = \beta = 58,45°$, $\gamma = 63,11°$, $c = 53,8$ mm ; $A = 11,78$ cm^2
   c) $a = b = 6,09$ cm, $c = 3,72$ cm, $\gamma = 35,60°$; $A = 10,79$ cm^2

4.) $c = 2h_c \tan\frac{\gamma}{2}$; $A = h_c^2 \cdot \tan\frac{\gamma}{2}$ 5.) $L = 103,76$ m ; $h = 84,44$ m

6. a) $c = 462,96$; $\beta = 44°20'$; $\gamma = 58°44'$
   b) $\alpha_1 = 54,43°$; $\beta_1 = 84,87°$; $b_1 = 72,86$ $\Big\}$ 2 Lösungen !
      $\alpha_2 = 125,57°$; $\beta_2 = 13,73°$; $b_2 = 17,36$
   c) $b = 9,53$; $\alpha = 56,40°$; $\gamma = 83,80°$
   d) $\alpha = 41,30°$; $\beta = 57,64°$; $\gamma = 81,06°$
   e) $\alpha = 66,10°$; $b = 1,33$; $c = 1,87$

7.) $\sin\beta = \dfrac{2A}{ac} = \dfrac{20}{42} \Rightarrow \beta_1 = 28,44^\circ;\quad \beta_2 = 151,56^\circ$ (2 Lösungen !)

8.a) 235,6 m ; b) 0,75 m ; c) 338,1 m^2
   Bemerkung zu b): allgemein gilt $\Delta L = \Delta R \circ x$, unabhängig von R !

9.) h = 23,2 m ; 12.) $\alpha = 93,9^\circ$; 13.) 497,43 m ; 14.) a = 68,40 mm
15.) s = 7,92 cm ; 16.a) s = 1,00 m, a = 1,14 m ; b) $\alpha = 90,72^\circ$, b = 8,23 cm
17.) A = 2,42 cm^2 ; 18.a) 4,50 m ; b) 4,64 m ; 19.) $\alpha = 40,04^\circ$

20.)

alle Funktionen sind 2π - periodisch

—— $|\sin x|$ ("negative" Teile der Sinus-
   kurve an x-Achse spiegeln)

- - - $\sqrt{\sin x}$ (def. für $\sin x \geq 0$; senkr.
   Tangenten an Randstellen)

—·— $\sin^2 x = \dfrac{1}{2}(1 - \cos 2x)$

$\sin^2 x \leq \sin x \leq \sqrt{\sin x}$ für $0 \leq x \leq \pi$

21.a) $x_N = \pm 1/\pi\ ,\ \pm 1/(2\pi)\ ,\ \pm 1/(3\pi)\ ,\ \ldots$
   $y_{max} = 1$ bei $x_M = \ldots -2/(7\pi),\ -2/(3\pi),\ 2/\pi,\ 2/(5\pi),\ 2/(9\pi),\ \ldots$
   $y_{min} = -1$ bei $x_m = \ldots -2/(5\pi),\ -2/\pi,\ 2/(3\pi),\ 2/(7\pi),\ 2/(11\pi),\ \ldots$

  b) $x_N = 0,\ \pm\sqrt{\pi}\ ,\ \pm\sqrt{2\pi}\ ,\ \pm\sqrt{3\pi}\ ,\ \ldots$
   $y_{max} = 1$ bei $x_M = \pm\sqrt{\pi/2}\ ,\ \pm\sqrt{5\pi/2}\ ,\ \pm\sqrt{9\pi/2}\ ,\ \ldots$
   $y_{min} = -1$ bei $x_m = \pm\sqrt{3\pi/2}\ ,\ \pm\sqrt{7\pi/2}\ ,\ \pm\sqrt{11\pi/2}\ ,\ \ldots$

22.a) $26,23^\circ;\ 153,77^\circ$ b) $233,13^\circ;\ 306,87^\circ$ c) $66,42^\circ;\ 293,58^\circ$
   d) $97,76^\circ;\ 262,24^\circ$ e) $56,31^\circ;\ 236,31^\circ$ f) $156,63^\circ;\ 336,63^\circ$
   g) $49,64^\circ;\ 229,64^\circ$ h) $101,31^\circ;\ 281,31^\circ$

23.a) $x_1 = \pi/6 + k\cdot 2\pi\ ,\ x_2 = 5\pi/6 + k\cdot 2\pi$; b) $x = \pi/3 + k\pi$
   c) $x_1 = (5\pi)/6 + k\cdot 2\pi\ ,\ x_2 = (7\pi)/6 + k\cdot 2\pi$ (k = 0, ±1, ±2, ...)

24.a) $\alpha = 300^\circ$; b) $\beta = 120^\circ$; c) $\gamma = 296,57^\circ$; d) $\delta = 336,42^\circ$

25.) $x_1 = 1,419\ ;\ x_2 = 2,864$

26.a) $y_{max} = 5,\ y_{min} = -1$; b) $\dfrac{5\pi}{12} + k\dfrac{\pi}{2}$; c) $0,944 + k\pi$; $3,245 + k\pi$ (k = 0, ±1, ±2 ..)

27.a) $\sin x = \tan x /(\pm\sqrt{1 + \tan^2 x}\,)$; $\cos x = 1/(\pm\sqrt{1 + \tan^2 x}\,)$
   b1) $\sin x = 0,371$; $\cos x = 0,928$; $\cot x = 2,5$
   b2) $\sin x = -0,371$; $\cos x = -0,928$; $\cot x = 2,5$

28.a) $2\sin x$; b) $\cos 2x$; c) 1 ; d) 1 ; e) $\sin^3 x$; f) $2/\cos^2 x$;
   g) $2\sin x$; h) $\cos\alpha$; i) $\sin 150^\circ = 1/2$

29.a) $-\sin(x/2)$; b) $\sin x$; c) $\cos x$; d) $2\cos x \cos y$

30.a) $\dfrac{\pi}{6} + k\cdot\dfrac{2\pi}{3}$; b) $\dfrac{\pi}{36} + k\pi$; $\dfrac{13\pi}{36} + k\pi$; c) $\dfrac{5\pi}{3} + k\cdot 2\pi$;
   d) $\dfrac{\pi}{4} + k\cdot\dfrac{2\pi}{3}$, $\dfrac{7\pi}{12} + k\cdot\dfrac{2\pi}{3}$; e) $\dfrac{4\pi}{15} + k\pi$, $\dfrac{7\pi}{15} + k\dfrac{\pi}{2}$ (k = 0, ±1, ±2, ..)

31.a) $\pi/2 + k\pi$; $\pi + 2k\pi$; b) $k\pi$, $\pi/3 + 2k\pi$, $5\pi/3 + 2k\pi$; c) keine Lösung
   d) $\pi/2 + 2k\pi$; $2\pi/3 + 2k\pi$; $4\pi/3 + 2k\pi$; e) $0,999 + k\pi$; $2,143 + k\pi$;
   f) $\pi/2 + k\pi$; $0,421 + 2k\pi$; $5,863 + 2k\pi$; $2,721 + 2k\pi$; $3,562 + 2k\pi$;
   g) $0,816$; $2,325$; $3,372$; $6,052$ $(+2k\pi)$; h) $0,609$; $1,772$ $(+2k\pi)$;
   i) $k\pi$, $\pi/4 + k\cdot\pi/2$; j) $1,397$; $2,530$ $(+k\pi)$; k) $1,408$; $4,232$ $(+2k\pi)$;
   l) keine Lösung

32.a) $\pi/6$; $5\pi/6$; $3,481$; $5,943$ $(+2k\pi)$
   b) $1,107$; $2,034$; $4,249$; $5,176$ $(+2k\pi)$

33.a) $4\pi/3$; b) 2π ; c) 8π ; d) 2π ; e) nicht periodisch ; f) 2π

34.a) $y = 2\cos(x \pm \pi)$; b) $s = 3\cos(20t + \dfrac{\pi}{3})$; c) $i = 0,4\cos(t + \dfrac{\pi}{6})$

Lösungen 91

35.) $y = 0,75 \sin(\pi x + \frac{\pi}{4}) = 0,75 \sin[\pi(x + \frac{1}{4})]$

36.a) Amplitude $A = 1$, Periode $P = 2\pi$, mit pos. Steigung ($\uparrow$) durch $((-\pi/4) / 0)$

    b) $A = 2$, $P = 2\pi$; $\uparrow$ durch $((-\pi/4) / 0)$

    c) $A = 1$, $P = \pi$; $\uparrow$ durch $((-\pi/8) / 0)$

    d) $A = 1$, $P = \pi$; $\uparrow$ durch $((-\pi/4) / 0)$

    e) Schwingung um Mittellage $y = 1$ mit $A = 1$, $P = \pi$, Tiefpunkt $(\pi/6) / 0)$

    f) Mittellage $y = -1$, $A = 2$, $P = 2\pi$, Hochpunkt $((-2\pi/3) / 1)$

37.) $t_1 = 0,00295$ s ;   38.) $x_1 = 1,7579$; $x_2 = 5,8747$

AUFGABEN ZUR ANALYTISCHEN GEOMETRIE

1.a) $a = 6,5$; $b = 5$; $c = 6,5$; $d = 5$; $e = 7,159$; $f = 9,124$; Parallelogramm

   b) AC: $y = (13/6)x - (5/2)$; BD: $y = -(1/6)x + 1$; $M(1,5/0,75)$

2.a) $P_1(0/0)$, $P_2(5/0)$;   b) $P(0/5)$

3.a) $y = -x + 1$; $a = 1$, $b = 1$;   b) $y = x/2 + 4$;

   c) $y = -\sqrt{3}\,x + (2\sqrt{3} - 1)$;   d) $y = -3x/2 + 2$

4.a1) $y = 2x + 9$; a2) $y = -\frac{1}{2}x + 4$;   b) $\frac{y-5}{x+2} = m$ (und $x = -2$)

5.) AB: $y = \frac{1}{2}x - 2$; BC: $y = -\frac{1}{3}x + 3$; CA: $y = 3x + 3$; BC$\perp$CA, da $-\frac{1}{3}\cdot 3 = -1$

6.a) $y = 2x + 6$;   b) $h_a = 12/\sqrt{5} = 5,37$;   c) $\alpha = 53,13°$

7.) 2 Lösungen: $y = \frac{3}{2}x - 3$; $y = \frac{3}{8}x + \frac{3}{2}$

8.) 2 Lösungen: $y = -3x - 3$; $y = \frac{1}{3}x + \frac{11}{3}$

9.a) $36,87°$;   b) $45°$;   c) $0°$;   d) $\tan\alpha = \frac{a^2 - b^2}{2ab}$

10.a) $B(2/1)$;   b) $C(-1/-5)$

11.) A auf, B oberhalb, C auf, D unterhalb

12.a) unterhalb der Ger. $y = 2-x$, rechts von $x = -2$, oberhalb von $y = -2$;

   b) unterhalb und auf der Ger. durch $(4/0)$ und $(0/2)$, oberhalb und auf der Ger. durch $(-2/0)$ und $(0/2)$, rechts von und auf der Ger. $x = -4$.

13.a) $M(3/-2)$, $r = 6$;   b) $M(-2,5/3,5)$, $r = 4$;   c) $M(0/-3,5)$, $r = 3,5$

14.) $\Delta = B^2 + C^2 - 4AD > 0$: Kreis; $\Delta = 0$: Punkt ("Nullkreis")

   $\Delta < 0$: keine Kurvenpunkte ("imaginärer Kreis")

15.) $M(-2,4/3,2)$ a) $r = 3,2$;   b) $r = 4$;   c) $r = \sqrt{13}$

16.) $P(2/2)$, $Q(4/0)$; $d = \overline{PQ} = 2\sqrt{2}$; $M(3/1)$

17.) $y = 0$; $y = \frac{4}{3}x$

18.a) $x^2 + y^2 = 9$;   b) $x^2 + y^2 - ax = 0$

19.a) $M(2/-1)$, $r = 2$; $\overline{AM} = \sqrt{2} < 2$;   b) $y = -x + 3$

20.a) $(1,4/4,8)$; $(-4/3)$ b) keine Schnittpunkte

21.) $r_1 = 2$; $B_1(2,6/3,2)$; $r_2 = 8$; $B_2(7,4/6,8)$

22.) $e = 7$; $a = 3 + \sqrt{58} = 10,616$; $b = \sqrt{a^2 - e^2} = 7,981$

23.) $\frac{3(x-6)^2}{140} + \frac{8(y-2)^2}{35} = 1$ 24.) $\frac{x^2}{16} + \frac{y^2}{9} = 1$; $P(\frac{4}{7}\sqrt{7} / \frac{3}{7}\sqrt{42})$

25.a) schneidet: $x_{1,2} = (10 \pm \sqrt{170})/7$, $y_{1,2} = 5 - x_{1,2}$;   b) schneidet nicht

26.) $M(-1/-2)$, $S_1(-1/2)$, $S_2(-1/-6)$; vertikale Hauptachse

27.) $(x - 1)^2 - (y + 1)^2 = 16$ 28.) $4x^2 - 9y^2 = 7$

92 Lösungen

29.) $M(\frac{a}{3} / \frac{2}{3})$; Bedingung: $\frac{2}{3} = a^2/9 \Rightarrow a = \pm\sqrt{6}$

30.a) $(y+3)^2 = \frac{9}{2}(x+2) \Rightarrow S(-2/-3)$, $p = 9/4$, nach rechts geöffnet

b) $(x+1)^2 = 10(y - \frac{1}{2}) \Rightarrow S(-1/\frac{1}{2})$, $p = 5$, nach oben geöffnet

31.) $y^2 = 8x$; $B(2/4)$ 32.a) $b < \frac{33}{8}$;   b) $b = \frac{33}{8}$;   c) $b > \frac{33}{8}$

33.) $M_H(-\frac{1}{2} / \frac{7}{2})$; $S_P(\frac{1}{2} / \frac{5}{8})$; $128y^2 = -1518x + 809$

34.a) $S(-\frac{5}{4} / \frac{7}{8})$;   b) $(x + \frac{5}{4})(y - \frac{7}{8}) = \frac{9}{32}$;   c) $y + \frac{63}{8} = -2(x + \frac{5}{4})^2$

35.a) Hyperbel, $M(2/-4)$, Hauptachse $\parallel$ x-Achse, $a = 4$, $b = 3$
b) Parabel, $S(-1/0,5)$, nach oben geöffnet, $2p = 10$
c) Hyperbel, $M(-1/3)$, Hauptachse $\parallel$ y-Achse, $a = \sqrt{12}$, $b = 2$
d) Geradenpaar durch $M(1/3)$ mit Steigung $m_{1,2} = \pm 2$
e) Ellipse, $M(3/-1)$, $a = \sqrt{5}$, $b = \sqrt{2}$
f) Punkt $(1/-2)$ (Nullkreis)

Lösungen 93

REGISTER

Abszisse	55
Achsenschnittpunkte	25
Additionstheoreme	49
Äquivalenzumformungen bei Ungln.	14
allgemeine Sinusfunktion	53
Amplitude	53
arccos (arcus-cosinus)	50
arcsin (arcus-sinus)	49
arctan (arcus-tangens)	51
Argument	23

Asymptote
- einer Hyperbel   66
- schiefe   34
- senkrechte   32
- waagrechte   32,34

Asymptotengl. der Hyperbel	68
Beschränktheit einer Funktion	24
Betrag einer reellen Zahl	18
Betragsfunktion	41
Binomialkoeffizienten	21
binomische Formeln	9
binomischer Satz	22
biquadratische Gleichung	8
Bogenmaß eines Winkels	43

Brennpunkt
- Ellipse   64
- Hyperbel   66
- Parabel   69,71

cos, cosinus	44,46
Cosinussatz	44
Definitionsbereich einer Fkt.	23
Definitionslücke	31
Differenzmenge	5
Diskriminante	7
Dreiecksberechnung	45
Dreiecksfläche	44
Durchschnitt von Mengen	5

e, Eulersche Zahl	12,36
e - Funktion	36
Ellipse	64,72

Einheitskreis
- Winkelfunktionen am   46

Exponentialfunktion	35,36
Exponentialgleichungen	13
Faktorzerlegung	7,29
Fakultät	20

Funktion   23
- beschränkte   24
- ganzrationale   27,70
- gebrochenrationale   31
- gerade   24
- lineare   28
- monotone   24
- periodische   25
- quadratische   28
- trigonometrische   44,46,47
- umkehrbare   26
- Betrags-   41
- Exponential-   35,36
- Logarithmus-   35,36
- Potenz-   38
- Umkehr-   26
- Winkel-   44,46
- Wurzel-   39

Funktionsgleichung	23
Funktionswert	23
gerade Funktion	24

Geradengleichung
- Achsenabschnittsform   57
- Punkt-Steigungs-Form   57
- Zweipunkte-Form   57

Gradmaß eines Winkels	43

Halbachsen
- Ellipse   64
- Hyperbel   66

Halbparameter einer Parabel	69
Halbwertszeit	79

Hauptachse
- Ellipse   64
- Hyperbel   66

Hauptscheitel
- Ellipse   64
- Hyperbel   66

Hyperbel	66,72

Intervall
- abgeschlossenes   6
- offenes   6

kartesische Koordinaten   55

Koordinaten, Koordinatensystem 55

Kegelschnitte   72

Kreis, Kreisgleichung   60,61

kubische Parabel   28

leere Menge   5

Leitlinie einer Parabel   69

Linearfaktoren (Zerlegung in -) 29

Logarithmengesetze   12

Logarithmus   12,35
- dekadischer (Zehner-)   12
- dualer (Zweier-)   12
- natürlicher   12

Logarithmusfunktion   35,36

Logarithmusgleichungen   13

Mengenoperationen,
Mengenschreibweise   5

Mittelpunktsgleichung
- Ellipse   64
- Hyperbel   66
- Kreis   60

Monotonie, monotone Fkt.   24

natürlicher Logarithmus   12,35

natürliche Zahlen   6

Nebenachsen
- Ellipse   64
- Hyperbel   66

Nebenscheitel einer Ellipse   64

Nullstelle einer Funktion   25
- einfache   30
- mehrfache   30,33

Ordinate   55

Parabel   28,69,72

Parabolspiegel   71

Parallelverschiebung eines
Koordinatensystems   56

Pascalsches Dreieck   21

Periode, periodische Fkt.   25,48,53

Pol, Polstelle   32,33
- mit Vorzeichenwechsel   32
- ohne Vorzeichenwechsel   32

Polynom   27

Polynomdivision   9,30

Potenzen, Potenzgesetze   10

Potenzfunktionen   38,40

Prozentrechnung   73

quadratische Ergänzung   8,15,61,70

quadratische Funktion   28

quadratische Gleichung   7

rationale Funktionen   27
- ganzrationale   27
- gebrochenrationale   31
- echt gebrochenrationale   31
- unecht gebrochenrationale   31

rationale Zahlen   6

rechtwinklige Hyperbel   67

reelle Zahlen   6

Rotationsparaboloid   71

Schaubild einer Funktion   23

Scheitel
- Ellipse   64
- Hyperbel   66
- Parabel   69

Schnittmenge   5

Sektorfläche   43

sin, sinus   44,46,47

Sinussatz   44

Steigung einer Geraden   56

stetig behebbare Def.lücke   33

stetige Ergänzung   33

Summenzeichen   20

Symmetrie   24

tan, tangens   44,46,47

Teilmenge   6

trigonometrische Funktionen 44,46,47

trigonometrische Gleichungen   52

umkehrbare Funktion	26	Wertebereich einer Funktion	23
Umkehrfunktion	26	Winkel zwischen zwei Geraden	59
Umkehrung der trigono-metrischen Funktionen	49,50,51	Winkelfunktionen	
		- am Einheitskreis	46
Ungleichungen	14	- am rechtwinkligen Dreieck	44
- lineare	15	Wurzeln	10
- quadratische	16	Wurzelfunktionen	39
ungerade Funktion	24	Wurzelgleichungen	11
Variable	23	Zahlen	
Venn-Diagramm	6	- ganze	6
Veränderliche	23	- natürliche	6
		- rationale	6
Vereinigung von Mengen, Vereinigungsmenge	5	- reelle	6
Verschiebung von Kurven, Verschiebungssatz	42	Zerlegung in Linearfaktoren	7,29
		Zinsrechnung	73

96 Register